国家海域动态监视监测管理系统业务软件研发实践

宋德瑞　赵建华　曹　可　张建丽 等　著

科 学 出 版 社

北　京

内 容 简 介

本书在国内外相关研究的基础上，结合国家海域动态监视监测管理系统中业务软件研发近十年的研究成果，阐述数据库技术、云技术、地理信息系统等相关技术、方法的落地实践，是一本可操作性强、侧重于实际应用的研究型专著，对指导和发展计算机科学技术、地理信息系统理论、海域动态监管具有较重要的意义。本书共分 7 章，按照软件工程逻辑，介绍了概述、建设意义与需求、总体设计与关键技术、研发内容、成果与成效、节点建设与应用、系统发展建议与展望等。

本书是理论方法的具体实践，内容丰富，层次清楚，可供计算机、地理信息系统、资源环境管理等相关学科教师和学生阅读，也可供从事海域使用管理和监测的科研人员参考使用。

图书在版编目（CIP）数据

国家海域动态监视监测管理系统业务软件研发实践 / 宋德瑞等著. —北京：科学出版社，2019.8

ISBN 978-7-03-054897-9

Ⅰ. ①国… Ⅱ. ①宋… Ⅲ. ①海域－海洋监测－管理系统（软件）－软件开发－研究－中国 Ⅳ. ①P715-39

中国版本图书馆 CIP 数据核字（2017）第 259565 号

责任编辑：张 震 孟莹莹 李嘉佳 / 责任校对：王 瑞
责任印制：吴兆东 / 封面设计：无极书装

科 学 出 版 社出版
北京东黄城根北街 16 号
邮政编码：100717
http://www.sciencep.com

北京建宏印刷有限公司 印刷
科学出版社发行 各地新华书店经销
*
2019 年 8 月第 一 版 开本：720 × 1000 1/16
2019 年 8 月第一次印刷 印张：9 3/4
字数：200 000

定价：99.00 元

（如有印装质量问题，我社负责调换）

作 者 名 单

宋德瑞　赵建华　曹　可
张建丽　景昕蒂　张　云
马红伟　王厚军　方朝辉
崔丹丹　刘春杉　王　衍
胡恩和　许道艳　邱江华
李安法　张　喆

前　言

我国位于太平洋西岸，大陆岸线长 1.8 万千米[①]，海岛岸线总长 1.4 万多千米[②]，主张管辖海域面积约 300 万平方千米。海岸类型多样，大于 10 平方千米的海湾 160 多个，大中河口 10 多个，自然深水岸线 400 多千米，海洋资源种类繁多，开发潜力大。海洋资源的开发利用为沿海地区的经济社会发展做出了重要贡献，2017 年全国海洋生产总值 7.8 万亿元，占国内生产总值的 9.4%。随着我国工业化、信息化、城镇化、市场化、国际化的深入发展及沿海地区国家发展战略规划的全面实施，沿海各地纷纷布局发展临海工业、港口物流、城镇建设、滨海旅游，用海需求持续增长，用海规模不断扩大，行业用海矛盾、生态环境破坏日益突出。海域作为海洋经济发展的物质基础和载体，在“建设海洋强国”“全面建成小康社会”中的地位越来越重要，运用现代化管理手段实施海域综合管理与监督，成为提升海洋综合管控能力的重要途径。

依据《中华人民共和国海域使用管理法》第五条规定：“国家建立海域使用管理信息系统，对海域使用状况实施监视、监测”，国家海域动态监视监测管理系统[③]（简称系统）于 2005 年启动建设，2009 年开始业务化运行。该系统利用卫星遥感、航空遥感、远程监控和现场监测等手段，实现对我国海域资源及其开发利用状况的实时、立体、动态监视监测，为海洋综合管理提供了有效的技术支撑，为海洋经济发展提供了有力的服务保障。

国家海域动态监视监测管理系统是根据海域综合管理工作实际需要，以海域管理业务数据为基础，以近岸海域开发利用活动为重点，以卫星遥感、航空遥感和地面监视监测为数据采集的主要手段，对我国管辖海域进行全覆盖、高精度、立体化、常态化的监视监测的技术支撑体系。它由机构、人员、数据、软件、网络及监测业务等部分共同组成，本书重点阐述软件部分的建设[④]、应用和成效情况。

全书共分为七章，各章节的具体内容如下：第 1 章为概述，阐明海域使用管理的基本内容，讲述国内外海域管理发展历程和现状，以及国内外海域动态监视

① 国家海洋事业发展“十二五”规划. http://f.mnr.gov.cn/201806/t20180620_1798660.html[2019-1-11].

② 《全国海岛保护规划》公布实施. http://www.mnr.gov.cn/gk/ghjh/201811/t20181101_2324822.html[2019-1-11].

③ 建设初期系统名称为国家海域使用动态监视监测管理系统，因管理需要，2015 年更改为国家海域动态监视监测管理系统，为了便于理解，本书统一称为国家海域动态监视监测管理系统。

④ 本书研究时限为系统建设至 2018 年 1 月 1 日。

监测发展历程及现状；第 2 章为建设意义与需求分析，海域管理业务软件建设为海域管理决策提供了支持，强化了我国海域使用监管，并提升了行政管理效率和公众服务效能，从海域管理者、海域管理业务及海域管理技术需求几个方面，阐述业务软件建设的需求和出发点；第 3 章为总体设计与关键技术，介绍海域监管业务管理系统建设的总体情况和关键技术；第 4 章为研发内容，详细介绍软件的设计、研发及实际应用示例；第 5 章为成果与成效，主要介绍软件建设成果及投入使用后所取得的成效；第 6 章为节点建设与应用，详细介绍我国部分沿海省级节点海域监管业务系统建设与应用情况；第 7 章为系统发展建议与展望，主要介绍软件建设中尚待完善的几个方面，并阐述下一步工作重点方向。

全书具体分工为：第 1 章由宋德瑞、赵建华、曹可撰写；第 2 章由曹可、马红伟、张建丽撰写；第 3 章由宋德瑞、景昕蒂、邱江华、李安法撰写；第 4 章由宋德瑞、张建丽、王厚军、胡恩和撰写；第 5 章由张建丽、景昕蒂、张云、许道艳撰写；第 6 章由方朝辉（辽宁节点）、崔丹丹（江苏节点）、刘春杉（广东节点）、王衍（海南节点）撰写；第 7 章由赵建华、宋德瑞、张喆撰写。全书由宋德瑞、张建丽通纂和定稿。

由于研究深度和水平有限，一些理论、方法、实践还需更长时间检验，不足之处在所难免，敬请相关领域学者批评指正。

作　者

2019 年 7 月于大连

目　录

第1章　概　　述

生命起源于海洋，海洋中有多种多样的资源，海洋为人类社会经济的全面可持续发展供给了丰富的资产和空间。自古以来，海洋中蕴藏的丰富渔业和盐业资源为人类提供了食材；海洋作为天然航运通道为人类提供了便利的交通运输条件；工业革命后各国纷纷认识到海底油气资源和海洋矿产资源的重要性，海洋又成为人类的新资源产地；海洋也一直被各国视为天然安全屏障，成为许多国家安全战略中重要的一环（李晓明，2015）。随着社会经济的飞速发展，海洋开发进程也不断加快。早在 2000 年，多国海洋经济产值已达到千亿美元，如加拿大、美国、日本、英国等（于保华和胥宁，2003）。随之产生的海洋污染日益严重，资源开发得不到有效控制，沿海水域开发不充分、利用不合理等问题凸显（叶向东，2006）。合理开发利用海洋资源已成为沿海各国海洋发展的重要战略抉择（赵蓓等，2008）。

党的十八大报告提出："提高海洋资源开发能力，发展海洋经济，保护海洋生态环境，坚决维护国家海洋权益，建设海洋强国。"这是党的全国代表大会报告中首次从战略的高度全面阐述海洋事业发展的总体思路，海洋强国战略对我国政府海域管理体制创新提出了挑战。党的十九大报告提出："坚持陆海统筹，加快建设海洋强国。"政府海域管理体制是基于一国的海洋现状和海洋经济建设、维护海洋权益而建立的，是国家行政管理体制的一部分，是相对于海洋立法体制和海洋司法体制而言的，也是维护海洋权益和管理海洋事务的政府机关设置、职权划分与运行机制等各种制度的总和（翟伟康和张建辉，2013）。

1.1　海域使用管理概述

海洋经济的高速发展，带来了一系列严重的海洋环境、资源等问题。人们开始从掠夺式开发和利用海洋、谋取国家利益的意识中觉醒，开始反思如何有效开发海洋资源、合理利用海域、高效管理海域。

各国对海域使用管理的对象和范围都有不同的诠释：公有水面（韩国）、海岸区（日本）、海岸带（美国）等。韩国提出的公有水面是指海域、河流、湖泊、沼泽及其他用于公用目的的国有水流或水面及湿地，不受有关河流法令的限制。韩国公有水面管理适用地理范围包括内陆水面，无时间限制，仅涉及公益或公共事业的用海活动。日本规定的海岸区是一种狭窄概念，仅处在高低潮之间，误差不超过50米的范围内。美国所规定的海岸带是指邻接若干沿海州的海岸线和彼此间有强烈影响的沿岸水域（包括水中的及水下的土地）及毗邻的滨海陆地（包括陆上水域及地下水）。加拿大在海域管理工作中，最受称道的是其1996年批准颁布的《加拿大海洋法》，它是世界上第一部沿海国家海洋法。《加拿大海洋法》中涉及海域使用管理内容比较多，如第一部分对主权管理海域（包括领海、内水等）有如下规定："加拿大拥有其所有权，对不同法律地位的海域，因不同利用目的需要取得海域或资源使用权"（吕彩霞，2003）。

我国依据《中华人民共和国海域使用管理法》对用海活动进行管理，规定海域使用管理是对在中华人民共和国内水、领海持续使用特定海域三个月以上的排他性用海活动进行管理。海域使用管理对象为海域，是指中华人民共和国内水、领海的水面、水体、海床和底土。其中内水是指中华人民共和国领海基线向陆地一侧至海岸线的海域。

1.1.1 国外海域管理发展历程及现状

人类的海洋活动从远古时期持续至今，海域管理的发展也同样经历了漫长的演变发展过程。作为世界海洋强国，美国海域管理制度在发展和演变中相继经历了行政区划管理、部门管理、综合管理三种海域管理模式（夏立平和苏平，2011）。日本海域管理体制经历了由分散型向专门型机构管理的发展过程（姜雅，2010）。总的来说，国外海域管理主要经历了以下发展阶段。

1.1.1.1 海域管理的初期阶段

少数海洋强国对海洋权利的主张，很长时期表现为围绕海外殖民掠夺、航行和商业利益等进行的争夺，未认识到所主张的海洋权利与海洋资源之间能够产生利益的联系。例如，英国在1688年以前的主旋律是入侵与反入侵（姜明松，2015）。1793年，美国正式宣布领海范围为离岸3海里以内的水域（Cicin-Sain and Knecht，1998），对海洋的管理局限于美国海军、海岸警卫队、海岸和大地测量的活动、促进商业运输，以及就北大西洋沿海渔场开发、北太平洋和白令海的海豹捕捞开展外交谈判等（U.S. Commision on Ocean Policy，2004）。在"海洋自由原则和领海要求"方面，19世纪才被普遍接受并成为国际法的一条基本原则是，当时的海洋强国普遍承认3海里领海制度，承认了沿海国家可以行使与其陆地领土完全相同的管辖权利。这一时期经过探索和讨论而形成的公海自由原则和领海制度，为后来建立国家海域管理制度奠定了基础（陈艳，2006）。

1.1.1.2 海域管理体制的行业性管理阶段

随着海洋开发利用活动在国家经济体系中比重的日益增加，世界各国在深化海洋空间区域的合理权益划分后，充分注意到了海洋自然资源与国家利益的关系。针对海洋开发行业的管理，如海岸带管理、渔业资源管理、海上交通管理等，各国相应建立了海事管理部门、渔业管理部门等行业管理机构，以协调日益扩大的海洋开发活动，这种行业管理体制一直延续到 20 世纪 50 年代（陈艳，2006）。

1.1.1.3 海域管理体制的复合型管理阶段

从 20 世纪 40 年代开始，沿海各国迅速发展的海洋开发利用活动，导致海域污染的发生和生态环境的恶化。在意识到这一后果的严重性后，各国在 70 年代纷纷制定本国的海洋环境保护法，成立环境保护部门，形成了在海域管理中用海洋环境保护部门对行业性海洋生产经营部门进行监督和管理的复合型管理体制。这种管理体制虽然改变了过去行业性海洋生产经营部门不合理的、超强度的开发利用海洋资源的局面，却在一定程度上成为有效开发利用海洋资源的阻碍，出现了为保护海洋环境而保护海洋环境的情况，这一阶段海域管理体制的局限性，决定了这是一种海域管理体制的过渡阶段（陈艳，2006）。例如，《苏格兰鱼税法案》[Fish Teinds（Scotland）Act]、《渔业疫病法案》（Diseases of Fish Act）、《海洋渔业法案》（Sea Fish Industry）、《渔船安全条例》[Fishing Vessels（Safety Provisions）Act] 等（姜明松，2015）。

1.1.1.4 海域管理体制的综合管理阶段

美国是最早提出海洋综合管理的国家，海洋综合管理的代表性论著是 J. M. 阿姆斯特朗和 P. C. 赖纳合作完成的《美国海洋管理》。1982 年《联合国海洋法公约》中新的海洋法制度，号召各沿海国家大力加强海域管理，尤其是要加强海域的综合管理。这意味着，单纯的海洋开发利用或单纯的海洋环境保护都不是海域管理的目的，而应在充分兼顾各方面利益的基础上，实施将海洋环境保护纳入总体经济发展的政策，动态评价海洋开发利用引起的海洋价值变化；合理利用海洋资源以充分满足社会可持续发展和国家整体利益的需要；防止、减少和控制海洋环境污染，包括沿海的海洋生态系统的破坏、退化；保护海洋生物的多样性和生产能力、生物环境和生物种群之间的生态关系；统筹协调海洋资源管理研究、技术发展和基础设施建设等发展，这才是海洋综合管理的目标（陈艳，2006）。20世纪60年代，美国率先提出了“海洋和海岸带综合管理”的概念，后来，这一概念被国际社会接受，在1992年联合国环境与发展大会上被写入《21世纪议程》。Ballinger（1999）介绍了海岸联合管理（integrated coastal management，ICM）机制，指出英国海域管理要由分散型向集中型转移。日本海域管理体制在进入21世纪以后由分散型逐渐向综合型转变，通过制定综合性海洋开发战略，维护日本的海洋权益。澳大利亚从海域管理、海洋经济和海洋生态三个大方向提出海洋产业各领域的发展战略，在海域管理上坚定贯彻管理的有效性，在海洋经济上突出强调发展的可持续性，在海洋生态系统建设上突出绿色低碳发展理念（谢子远和闫国庆，2011）。

目前，海洋资源使用和保护涉及的因素越来越复杂，国际发展实践表明，海洋和海岸的有效利用不仅仅是一个经济问题，还牵涉生态保护等因素，与政治和行政也有极大的关系。

各国海域管理主要呈现以下方式：一是海域管理制度建设。作为海洋大国的美国、加拿大，以及在航运业和造船业一直处于世界领先地位的英国，还有俄罗斯、韩国、日本等，从海岸带、海洋保护、渔业、港口、海域资源环境、渔民的生命财产安全等各个方面，制定了一系列的管理办法和法令，保证了海洋经济健康有序的发展，维护了海洋权益，通过制定海洋发展规划、海洋战略，如《海洋基本计划》（日本）（戴娟娟和吴日升，2014）、《有效海洋带和海洋空间规划临时框架》（美国）（李双建等，2012），制定科学的管理程序，使管理机制不断完善。二是逐步集中海域管理机构职能，提高海域管理效率、强化信息保障，使海域管理不断进步。部分国家设有专门的部门负责对海洋政策的执行情况进行评估，使海域管理整个过程具有决策的科学性和政策的可操作性，将海域管理上升到了国家战略高度。三是海域执法。各国的海上执法船只、直升机、岸基设施、无人潜航器、潜标及卫星等装备，通过信息系统紧密连接，执法力量不断增强（源泉，2015）。尤其是美国，其海岸警卫队装备的先进性在当今世界上处于领先地位，包括大中型舰艇200余艘、小型船艇1400艘、200余架各类固定翼飞机和直升机，其执法船艇都装备了现代化的信息系统研究中心（center for information systems research，CISR）（郑克芳等，2014）。各国海洋执法主体表现为海岸警卫队（美国）、海上保安厅（日本）、海军（印度尼西亚）、警察厅（韩国）等（常卫兵，2010；刘新华，2011；董栓柱和董晓钟，2015），甚至可以是从属于两个及以上国家的联合执法主体；海洋执法的具体权力可以表现为紧追权、接近权、登临权，以及检查、搜查、逮捕、扣押和使用武力等；海洋执法所覆盖的区域，包括领海、毗连区、群岛水域、国际海峡、专属经济区、大陆架甚至公海；海洋执法所涉及的领域至少包括经济、政治、安全等方面（赵晋，2009）。具体执法内容还包括维护海洋交通秩序，保护海洋环境，保护沿海国海洋资源，维护本国有关海洋的公私财产权益，进行抢险救助，维护国家海洋权益（张楠，2015）。

1.1.2　我国海域管理发展历程及现状

中国是发展中的海洋大国，有着18 000多千米的大陆岸线、14 000多千米的岛屿岸线，6500多个500平方米以上的岛屿和近300万平方千米的主张管辖海域（徐文斌，2009）。近年来，海洋资源开发在传统领域继续保持平稳发展，海洋油气、渔业和交通运输是海洋资源开发的主要领域，海洋生物资源的医药利用、海水资源和海洋能源资源利用正在逐步向产业化方向推进。但目前我国海洋资源开发能力不足，不合理的问题依然突出，资源开发制约因素复杂多样。在国际社会日益重视海洋资源开发利用的当前形势下，党的十八大报告中明确提出“提高海洋资源开发能力”，对“全面建成小康社会”具有重要指导意义（郑苗壮等，2013）。

随着社会经济的发展，人们对海洋的开发活动越来越多，尤其是20世纪80年代以来，我国海洋开发一直处于高速发展时期，也带来了很多海洋开发利用的问题（宋德瑞等，2012）。在我国海洋开发的空间不平衡、海域使用的类型方式复杂多样、海域使用的规模将持续快速增长、海域使用的资源环境压力进一步增大、近岸海域使用开发强度会持续加大的情况下（宋德瑞，2012），我国海域管理呈现出以下的转变：从分散管理向集中管理转变；从静态管理向动态管理转变；从粗放管理向精细化管理转变；从重审批轻监管到审批与监管并重转变。从而改进了管理方式，深化了管理内涵，促进了科学决策，提升了管控能力。

1.1.2.1　海域管理制度

在早期的海洋开发活动中，就产生了一些朴素的海域管理思想。我国的渔业管理可追溯到夏商时期，据《逸周书·大聚解》记载：“夏三月，川泽不入网罟，以成鱼鳖之长。”到了周代，我国已经有了专司渔业管理的官员，周文王甚至还规定了禁渔期。清代中叶，“闭关锁国”的政策不但严重阻碍各项海上事业的发展，也造成海上力量的瘫痪，海上事业在19世纪下半叶遭到空前重创。辛亥革命后，北洋政府在实业部设立了渔业局，专司渔政。1915～1928 年，北洋政府还实施了鼓励渔民进入公海作业、加强护渔防盗、提倡渔业技术革新和推广等渔业管理政策，先后颁布了《渔业法》及其实施细则、《公海渔业奖励条例》《渔轮护洋缉盗条例》《渔业技术传习章程》等法规。随后，为进一步加强对全国海洋渔业的统一管理，国民政府颁布了《海洋渔业管理局组织条例》《领海范围定为 3 海里令》《要塞堡垒地带法》，以加强对领海的管理（陈艳，2006）。在中华人民共和国成立初期至 20 世纪 80 年代这一阶段，我国的海域管理以行业管理为主，按照海洋自然资源的属性进行分割管理，基本是陆地自然资源管理部门的职能向海洋的延伸，中央和各级政府的渔业部门负责海上油气的开发管理，轻工业部门负责海盐业的管理，交通部门负责海洋交通安全的管理，石油部门负责海上油气的开发管理，旅游部门负责滨海旅游的管理等。在这一历史时期，由于社会生产力水平还不高，海洋开发和利用的基础薄弱，对海洋资源的开发利用规模比较小，海洋受到的开发压力也不大，涉海行业部门的主要职能是进行生产管理。从 80 年代起，中国海洋事业快速发展，中国海域管理体制又经历了 1998 年及 2008 年两次大规模机构改革，海域管理体制日益完善，由 1993 年之前的无法可依、无章可循的状态，逐步过渡到 2002 年以来的有法可依、有章可循的阶段。2002 年后，《中华人民共和国海域使用管理法》《中华人民共和国物权法》《关于改进围填海造地工程平面设计的若干意见》《国家发展改革委 国家海洋局 关于加强围填海规划计划管理的通知》等陆续施行。此后，《关于加强围填海造地管理有关问题的通知》和《围填海计划管理办法》的发布，标志着围填海计划正式纳入国民经济和社会发展体系。2014 年 11 月 24 日，国务院总理李克强签署国务院令，公布了《不动产登记暂行条例》，这是海域物权法律制度建设的又一重大举措，进一步强化了海域物权的法律地位，将海域与土地、房屋、林地并列规定为 4 项重要的不动产，同时明确把海域使用权、集体土地所有权、房屋等建筑物所有权、森林林木所有权、土地承包经营权、建设用地使用权、宅基地使用权、地役权、抵押权并列规定为 9 项重要不动产权利，规范用海项目的申请、审查、审批程序，增强服务意识，提高工作效率，按规定的时限审查和审批用海项目，超出时限的，实行行政问责，并认真进行整改，及时调解处理用海矛盾和纠纷，促进沿海地区的社会和谐。

我国的海域管理基本制度为海洋功能区划、海洋权属管理、海域有偿使用。海域国家所有权是海域有偿使用制度的基础，而实行海域有偿使用制度是在市场经济条件下依法维护国家海域所有权的根本措施。海域使用权是建立海域有偿使用制度的支柱，同时海域有偿使用制度是保障海域使用权流转的必然要求。海域有偿使用制度与海域权属制度相辅相成，共同为海域产权制度在市场经济法制环境中的建立、运行提供制度保障，使“海域国有、依法用海、用海有偿”的立法原则得以实现（梅宏，2009）。

（1）海洋功能区划制度

海洋功能区划是《中华人民共和国海域使用管理法》确立的一项基本制度，早在1999年，《中华人民共和国海洋环境保护法》就明确提出我国海域管理实行海洋功能区划制度，海洋环境保护规划要根据海洋功能区划制定，这项制度在《中华人民共和国海域使用管理法》《中华人民共和国港口法》《中华人民共和国海岛保护法》中进一步得到明确（刘淑芬等，2014）。海洋功能区划的编制、审批、备案、修改、实施等多个方面程序和要求在《海洋功能区划管理规定》《海洋功能区划备案管理办法》《省级海洋功能区划编制技术要求》等规范性文件中进行了规定。2012年，《全国海洋功能区划（2011—2020年）》获得国务院批准，随后，各省级海洋功能区划也经国务院批准实施。

（2）海域权属管理制度

《中华人民共和国物权法》明确宣示了国家对矿藏、河流、森林等自然资源的所有权。《中华人民共和国海域使用管理法》更直接规定了国家对海域的所有权，任何单位和个人不得侵占、买卖或者以其他形式非法转让海域。因此我国海域的国家所有权类似于土地国家所有权，是一种完全物权，具有排他性（马骏，2008）。为加强对海域这一国家宝贵资源财富的综合管理，保证海域合理和可持续开发利用，提高海域使用社会、经济和生态环境的整体效益，国家海洋局印发了《海域使用权管理规定》《海域使用权证书管理办法》《海域使用权争议调解处理办法》等一系列的规范性文件，细化了海域使用权的流转、登记发证、争议调处等程序。《中华人民共和国海域使用管理法》及其配套制度的实施，维护了国家和用海者的合法权益，规范了海域使用秩序，促进了海域资源的合理开发与可持续利用，标志着我国已初步形成了比较成熟和完善的海域使用权属管理制度（张惠荣和高中义，2010）。

（3）海域有偿使用制度

我国海域有偿使用始于1993年颁布并实施的《国家海域使用管理暂行规定》，其对海域资源的有偿使用做出相关规定。2001年10月27日，全国人民代表大会通过了《中华人民共和国海域使用管理法》，确立了海域资源产权制度和海域有偿使用制度，明确规定海域属于国家所有，并确定以征收海域使用金的形式行使海域使用权，并于2002年1月1日开始实施海域有偿使用（张偲和王淼，2015）。《财政部 国家海洋局 关于加强海域使用金征收管理的通知》《海域使用金减免管理办法》《财政部 国家海洋局 关于海域使用金减免管理等有关事项的通知》《海域使用金使用管理暂行办法》《海域使用金减免内部审查工作规则》《关于规范减免中央财政海域使用金书面审核意见的通知》系列文件中对于海域使用金征收、减免、使用等的管理进行了规定，保障了海域有偿使用制度的施行。这一系列制度不仅使海域使用金大幅增加，而且使海域管理部门能力得到明显提升，同时对合理增加财政收入发挥了重要作用。

1.1.2.2 海域管理机构

国家海洋局成立于1964年，标志着我国从此有了专门的海洋工作管理部门，海洋工作体制开始走向一个新阶段。1998年国务院机构改革时，根据第九届全国人民代表大会第一次会议通过的《关于国务院机构改革方案的决定》，赋予国家海洋局监督管理海域使用和海洋环境保护、依法维护海洋权益、组织海洋科学研究职能。同年，国家海洋局成立了海域管理司，负责海域和海岛管理工作。2008年7月，国务院在下达的国家海洋局职责任务中将海域管理司更名为海域和海岛管理司。截至2018年1月1日，我国海域管理体制主要由以下几个部门组成：国家海洋局、中国海监总队、环境保护部，主要行使我国海域使用管理、海洋环境和资源保护、海洋权益维护和海洋公益服务等职能；交通运输部海事部门，主要行使监督我国水上交通安全、防止船舶污染、检验船舶和海上设施、进行海上航标管理和港口航道测量等职能；国家渔业渔港监督部门，主要负责渔船渔港的监督管理，保护海洋渔业资源及其巡航检查等；海关和边防部门，海关主要负责我国进出口货物的检查和缉私，边防则主要负责海上治安和进出关人员检查等（王琪等，2013；张润秋等，2013）。

目前，地方管理机构形成了三种模式：一是海洋与渔业结合，如辽宁、山东、江苏、浙江、福建、广东和海南；二是海洋与土地、地矿结合，如河北；三是专职海洋行政管理机构，如广西。应该说，我国海域管理机构具有“半集中”的特点，除了海洋行政管理部门以外，其他涉海行业部门也具有管理本行业开发利用海洋活动的职能，如渔业、交通、旅游、石油、矿产、盐业等。

1.1.2.3 海域管理执法

我国海上执法力量建设历程大致可以划分为萌芽期、探索期、成长期和转型期四个阶段。1949～1978年的萌芽期，我国海洋理念和政策以海洋防卫为重点，海上执法权多由海军行使；1979～1997年的探索期，部分涉海行业和部门的海上管理机构先后成立，海上执法权由海军转向专业执法队伍行使；1998～2013年初的成长期，形成海事、海监、渔政、海警和海关缉私“五龙治水”的格局；2013年3月以后的转型期，国家海洋局重组并以中国海警局名义对外执法，标志我国海上执法力量建设进入新阶段（王杰和陈卓，2014）。我国的海上执法力量不断增强，装备现代化、打击精准化、执法常态化、船检标准化、队伍规范化、执法信息化不断提升，救生消防设备、AIS（automatic identification system，自动识别系统）船载终端、ADS100（测量系统的型号）机载数字航空摄影测量系统、多波束及水下机器人系统、红外线光电取证设备等的配备及无人机海岛巡查常态化，为执法提供了技术支持，实现精准执法，极大地提高了执法效率，扩展了监管范围，维护了国家海洋资源和环境。

自海洋执法队伍建设以来，海域管理执法活动也愈发频繁，“空地一体”执法模式逐步完善（刘吉栋，2017）。各省市、地区海上联合执法行动，规范渔船捕捞秩序。在打击违法、违规用海，整治非法运输，巡航执法，海域维权管理等领域都可以看到我国海域执法管理的身影。2017 年，“海盾 2017”专项执法行动的主要任务包括：加强区域建设用海规划实施情况监督；对辖区内已实际实施但仍未取得海域使用权的用海项目立案查处；配合主管部门开展海底电缆管道、海底、水面、海面其他构筑设施普查；加大构筑物用海监管力度；加强养殖用海监督。

1.2 海域动态监视监测概述

海域动态监视监测是以卫星遥感、航空遥感和地面监视监测为数据采集的主要手段，实现对近岸及其他开发活动海域的实时监视监测。海域动态监视监测的主要监测内容包括海域状况、海域权属、海洋功能区、在建项目、经济指标等，以及对海域自然属性进行监视监测，包括岸线变化、海湾河口变化、海岛动态、海洋灾害等。

海域动态监视监测具有以下特点：一是监测内容全面，包括海域使用现状监测、海域空间资源监测、疑点疑区监测、海域动态综合评价与决策支持；二是监测手段先进，采用了多源多分辨率的卫星遥感影像、有人机航空遥感影像、无人机航空遥感影像、现场测量测绘和远程视频监控等技术手段。

1.2.1 国外海域动态监视监测发展历程及现状

20 世纪 70 年代，西方一些海洋强国以探索海洋环境变化为驱动力，开始研究海洋自动监测技术，经过持续多年的投入和发展，在空间要素和环境要素等多个方面都取得了显著成效。

美国的监测系统是由卫星、海岸基自动观测站、浮标等现场监测系统组成的立体监测网络，能够获取全方位、高频率的监测数据。欧洲主要通过现场监测系统获取实时的海洋监测数据。联合国教育、科学及文化组织政府间海洋学委员会参与建立的全球海洋观测系统，利用卫星遥感技术长期监测海洋环境要素，至今已经建设完成多个区域的海洋遥感监测。为提高遥感卫星时空分辨率，增加港口和河口实时监测系统的装备等，多国还推出了海洋监测集成规划，为海岸线位置图和地形图更新等提供业务化支持，如美国研发的有害藻类水华观测系统（harmful algal blooms observing system，HABSOS），全球海洋观测系统（global ocean observing system，GOOS），美国和加拿大建立的美加 GOOS，欧洲建立的 EURO-GOOS，欧洲的海洋环境与安全实时服务系统（real-time ocean services for environment and security，ROSES）等（赵建东，2017）。

1.2.2 我国海域动态监视监测发展历程及现状

自 2002 年以来，我国海洋环境监测经过近 20 年的发展，日趋成熟，而海域动态监视监测还处于发展阶段，主要体现在以下几个方面。

1.2.2.1 海域动态监视监测制度

我国于 2005 年正式启动海域动态监视监测工作，《国家海域使用动态监视监测管理系统建设与管理的意见》《关于印发国家海域使用动态监视监测管理系统业务化运行职责分工意见及数据资料管理办法的通知》《关于印发〈国家海域使用动态监视监测管理系统传输网络管理办法〉的通知》《关于全面推进海域动态监视监测工作的意见》《关于印发〈海域使用统计管理暂行办法〉的通知》等文件的发布，加强了海域使用监视监测的管理（徐文斌，2009），《建设项目海域使用动态监视监测工作规范（试行）》《区域用海规划实施情况监视监测工作规范（试行）》《海域使用疑点疑区监测核查工作规范（试行）》《县级海域动态监管能力建设项目总体实施方案》《县级海域动态监管能力建设技术指南》等管理制度和标准规范的制定，标志着国家、省、市、县四级海域动态监视监测业务机制的建立，提升了海域综合管理网络化、信息化、科技化水平。

1.2.2.2 海域动态监视监测科技

截至 2012 年，我国已建设各级海域动态监测机构近 300 个，拥有技术人员 1000 余名、专用海域动态监测车辆近 300 辆，在重点岸段设置视频监控点 500 多个，监控覆盖岸线长度 5000 余千米（张志华等，2012）。随着卫星遥感技术、水声探测技术、雷达探测技术、观测平台技术、传感器技术、通信技术（包括水声通信技术）和水下组网技术的进步，海洋观测技术开始向自动、实时、同步、长期连续观测和多平台集成、多尺度、高分辨率观测方向发展，形成从空间、水面、沿岸的多种监测手段，全面向全覆盖、立体化、高精度观测网络建设迈进（李方和付元宾，2015）。

1.2.2.3 海域动态监视监测手段

我国海域监视监测主要通过卫星遥感监测、航空遥感监测、现场监视监测和远程视频监控等技术手段对海域动态进行监测和管理。利用卫星和航空遥感技术手段可以快速、准确地获取海岸带空间基础数据信息，通过与历史航空影像地图进行配准、定位，分析计算监测数据，为海域使用规划管理、海洋生态环境保护和海洋行政管理提供准确资料（徐文斌，2009）。作为遥感监测的重要补充，地面监视监测可对用海现场进行直接、直观、近距离的观测，地面监视监测主要界定为基于地面的人员和设备，对海域使用权属、各类型宗海面积、宗海用途、权属变更、海域登记、宗海价格、经济产值等动态信息进行监测，其中监测主要内容包括：在建工程用海项目实施过程；突发事件事后影响；违规用海活动；卫星遥感、航空遥感监测及举报发现的异点异区；海岸侵蚀、海水入侵、风暴潮等海洋灾害。随着国家海域动态监视监测管理系统应用的不断深化，沿海各地通过其开展了海域使用权证书统一配号、海域使用统计和围填海计划台账动态管理等一系列工作。

1.2.2.4 海域动态监视监测信息化建设

为了将卫星遥感技术、水声探测技术、雷达探测技术等各种观测平台集成应用，给海域使用管理提供信息化管理、智能化决策服务，信息系统的建设势在必行。信息系统建设于 2007 年开始，2009 年正式运行。

2010 年，国家海洋局在原有软件功能基础上，开展了业务软件平台整合优化工作，2010 年 9 月通过业务软件平台开展海域使用权属数据整理工作，2011 年 8 月开展海域使用权证书统一配号试点，2012 年 1 月 1 日通过业务软件平台在全国开展海域使用权证书统一配号，同年 4 月通过业务软件平台开展海域使用统计，11 月开展围填海计划管理。目前，通过业务软件平台主要开展的业务包括：海洋功能区划管理、区域用海规划管理、围填海计划管理、海域权属管理、海底电缆管道管理、海域使用金管理、海域使用统计和动态监视监测，实现了统一的数据管理和信息交换。系统在国家、省、市、县四级海洋部门都得到应用，海域综合管理的主要核心业务实现了信息化支撑。

在国家建设业务软件平台的同时，各地海域动态监管中心（如辽宁、江苏、浙江、广西）结合自身业务需求，自行研发了业务软件附加系统，实现从海域申请、审批、确权发证直至日常管理、统计归档的全过程办公自动化。辽宁省海域和海岛动态监视监测中心高度重视动态监管系统的业务化运行工作：在项目审核前，利用预审监测数据和数据库数据，为海域管理部门制作汇报材料；在项目审核时，通过海域动态会商系统，为海域审核委员会提供详细信息。江苏省海域动态监视监测中心强化业务体系建设，全程参与用海监管，实现了所有海域使用申请材料在海域动态专网上的逐级报送、审查、审核、审批，三级监管中心可参与项目用海管理全过程。浙江省海域动态监管中心开展权属数据核查，着力提升数据质量，不断丰富数据内容，夯实系统运行基础，确保了海域权属数据的准确性、完整性。广西壮族自治区海域动态监视监测中心加强组织管理，明确业务流程，除了系统业务化运行之外，经过不断的探索和实践，制定了远程视频监控轮值制度，对远程监控系统运行情况及项目的监控情况进行记录，确保远程监控系统正常、有效运行。

1.3　系统建设历程

国家海域动态监视监测管理系统于 2005 年启动建设，自 2009 年启动业务化运行以来，现已建立了国家、省、市、县四级海域动态监管业务体系，布设了覆盖国家、省、市、县四级海洋部门的专线传输网络，利用卫星遥感、航空遥感、远程监控、现场监测等多种手段，对我国海岸及近海海域开展立体监测，积累了海量的遥感影像和海域管理数据，实现了各级海洋部门“一个网”，各类海域管理“一张图”，为海域管理和执法工作提供了有力有效的技术支撑（王厚军等，2016）。

系统建设历程可大致划分为摸索建设、数据整理与业务系统初步运行、四级监测业务体系建设三个阶段。

1.3.1　第一阶段　摸索建设阶段（2005～2009 年）

2005～2009 年为国家海域动态监视监测管理系统摸索建设阶段，本阶段是系统规划设计阶段，也是系统建设筹备和试点阶段。

2006 年 3 月 27 日，国家海洋局印发了《国家海域使用动态监视监测管理系统建设与管理的意见》，国家海域使用动态监视监测管理系统经批准立项。该系统由国家海洋局牵头，联同国家海洋环境监测中心、国家海洋信息中心、国家海洋技术中心、中国海监总队等多家技术支撑单位合作建设，经反复调查研究，确定了“统筹规划、分步实施、需求主导、服务管理、讲求实效、重点突出、统一标准、形成体系”的建设方针，提出了系统总体实施方案，得到了财政部的重视和大力支持。通过在沿海两省七市启动系统建设试点工作，系统建设明确了国家、省、市三级业务机构建设的要求。2007年4月，系统建设动员大会的召开，标志着该系统进入全面建设阶段。2008年12月，系统完成检查验收，取得了阶段性成果，并于2009年2月，在天津召开了国家海域使用动态监视监测管理系统建设总结暨业务化运行启动大会，标志着系统正式进入业务化运行阶段（张志华等，2011）。

通过此阶段建设，国家海域动态监视监测管理系统达成了国家、省、市三级机构体系建设，设立了1个指挥中心、3个国家中心、11个省级中心、49个市级中心，各节点的场所、硬件和人员基本到位，为系统业务化运行提供了坚实的物质基础和组织保障。此阶段具体建设工作内容如下。

1）进行了独立的系统三级专线网络建设，包括4条国家级线路、11条省级线路、49条市级线路，共计64条专网线路。各级海域监控与指挥平台、监管中心均已纳入专网，海域动态监测信息的传输、发布、管理等工作均以专网为依托。

2）开展了海域管理版和业务管理版在各省市的部署工作，并组织了相应的硬件调试和所需数据的整理与入库等工作。

3）完成了国家级、省级、市级三级数据库的基本建设工作。国家级数据库主要实现了全国沿海共计125个海洋基础数据库建设，2005年、2007年、2008年低精度共计310景影像的入库，一期高精度共计110景影像的入库，并在同步数据中心异地建设了同步数据库。省级、市级数据库在分发的国家级数据库相应内容的基础上，绝大部分都纳入了本地区的海域使用确权数据及海洋功能区划数据。

4）在办公场所方面，绝大多数业务机构都达到或超出了国家的要求，主控室、机房、办公室等都已投入使用。

5）在硬件设备方面，各省市均争取到了系统建设配套经费，所有省市均能以达到或超出建设所需标准进行仪器设备的采购和配置，所有设备均已基本到位并投入使用。

6）在专业技术人员方面，各省市业务机构按国家要求安排了专职技术人员从事海域使用监测业务工作，并采用引进或聘用等方式增加技术人员以满足国家对技术人员专业结构方面的要求，部分省市还得到了地方机构编制管理部门的批准增加了人员编制。

在系统建设期间，试点单位和一些系统建设进度较快的地区，已经启动了系统试运行工作，这些试运行工作既较快地使系统建设成果在该地区海域管理工作中得到了应用，也为全国业务化运行工作创造了经验，提供了样板。

1.3.2　第二阶段　数据整理与业务系统初步运行阶段（2010～2013年）

2010～2013 年为国家海域动态监视监测管理系统数据整理与业务系统初步运行阶段，本阶段也是系统的业务化运行与应用管理的全覆盖阶段。

从业务化运行开展之初，全国沿海省市逐步通过系统完成了海域基础数据、海域使用权属数据、海域历史数据的整理工作。自 2011 年 3 月起，专网管理子系统、海域使用权证书配号、远程监控子系统、海域无人机基地、国家海域动态监管网、视频会议子系统、公文传输子系统、人员管理子系统等功能模块陆续完成建设并投入使用，全国沿海省级节点和市级节点已基本完成系统部署工作，黄岩岛、钓鱼岛、西沙群岛全部岛屿附近海域均被纳入系统监控范围，并于 2013 年 5 月启动了三沙市海域动态监视监测系统节点建设工作，为进一步加强海域使用管理工作提供了重要保障（张志华等，2011）。

此阶段具体建设工作内容如下。

1）国家海域动态监视监测系统的省、市两级业务机构中已有 45 个监管中心获当地编办批准，29 个监管中心取得了测绘资质，以共建形式建立的监管中心中有 35 个已设立了专门的科室。

2）业务软件操作和应用水平不断提高。在国家业务软件平台整合优化的基础上，各地的软件操作和应用水平均获得了稳步提升，具备了熟练操作能力。

3）硬件和专线网络不断升级。不少地方建立了高标准的机房，配置了高性能的监视监测设备，专网的带宽和覆盖范围全面扩大。

4）数据整理与数据库建设不断发展。专题数据内容日益充实，较好地完成了 2002 年以来 5 万余宗海域使用权属数据的整理入库，初步形成了全国海域资源和海域使用状况“一张图”。

5）重点海域和重点项目监测业务不断深入。多数地区应用卫星、航空遥感及现场监测、视频监控等多种技术手段，部分地区还探索应用了无人机、雷达等高新监测技术。

6）技术支撑和决策支持服务不断拓展。多地监管中心配合海域管理部门，全过程参与海域管理的技术环节，积极编制海域动态监视监测和专题评价报告，为管理政策的制定提供科学依据（刘川，2012）。

1.3.3　第三阶段　四级监测业务体系建设阶段（2014年至今）

2014 年至今为国家海域动态监视监测系统四级监测业务体系建设阶段。在此阶段，国家海域动态监视监测管理系统由原有的国家、省、市三级海域动态监管业务体系向县级海域动态监管业务体系建设拓展，组织架构与系统功能均获得了大幅度扩展与提升。业务软件平台陆续完成了基本业务子系统、辅助决策子系统、地方附加子系统、单点登录子系统、海域空间云平台及数说系统等研发工作，并在已有业务软件平台基础上重点开展了框架升级改造工作。

2014 年 11 月 21 日，国家海洋局在大连组织召开了全国县级海域动态监管能力建设工作会议，会议就县级海域动态监管能力建设项目的背景意义、建设目标、建设内容、业务化运行管理等方面做出说明。自县级海域动态监视监测体系建设开展以来，江苏、福建、海南、辽宁的各级单位，依托国家基本系统发展各具特色的海域动态监管系统建设工作，取得了成效显著的成果。2016 年 12 月，上海市区县级海域动态监管能力建设项目合同验收会的召开，标志着全国首个县级海域动态监管能力建设项目基础数据体系集成服务通过验收。

通过此阶段建设，国家海域动态监视监测管理系统全面完成系统的升级改造任务，开展了专线网络带宽的扩容，国家、省、市三级节点网络及安全设备等硬件设备的配置与调试，运用云平台、大数据技术完成了基本系统的框架升级和改造，优化系统软件功能，形成行政管理业务、监视监测业务、决策支持以及辅助办公等多个软件子系统和信息发布平台，实现了业务流程电子化、业务数据一体化、决策分析智能化、成果展示可视化，建设了集业务管理、工作交流、网上授课、决策分析于一体的综合业务平台（专网版、移动版、单机版）。根据国家投资审批改革的部署和要求，依托海域动态专网实现了与中央投资项目审批监管平台的横向联通和纵向贯通，国家海域动态监视监测管理系统成为项目用海网上申请、审查、审批，海域使用金征缴和减免，海域使用信息智能查询统计平台，满足了管理人员、技术人员业务应用需求和各级海洋部门领导的决策支持需求。

按照“统一设计、统一设备、统一软件、统一建设、统一管理、统一运行”的原则，按总体实施方案和项目管理办法要求，组建了县级海域动态监管业务机构，配备了专业技术人员，落实办公场所，完成所有设备的采购、安装调试、机房改造和专线传输网络连通。通过县级海域动态监管能力建设项目实施，将国家海域动态监视监测管理系统延伸到县级，全面提升了县级海域管理装备水平，深化县级海域管理机构队伍建设，实现了近岸海域立体实时监控、海域专线网络全面覆盖、四级海域管理部门协调联动。

建立并实施国家中、低分辨率卫星遥感巡查、高分辨率卫星遥感详查，省级无人机航拍核查及远程视频监控，市县两级现场核查监测相结合的海域动态监视监测业务机制。制定了围填海海域使用动态监测、区域用海规划实施情况监测、海域使用疑点疑区监测技术规程，完善了海域使用现状和海域空间资源监测流程，强化了监测数据和成果管理。

基于《国家海洋局海洋生态文明建设实施方案》（2015～2020 年）开展“海

域动态监控体系建设工程”的要求，创新应用海域动态监视监测技术手段。加强无人机遥感在海域动态监测工作中的应用，完成了辽宁、江苏、海南海域无人机基地建设。引进视频监控定位监测技术，在重点海岸开展三维全景、激光点云数据采集与处理试点工作，直观了解了近岸海域资源现状和使用变化情况，实现了数据二维、三维一体化展示，开展海域无人船试点。

第2章　建设意义与需求分析

按照《联合国海洋法公约》规定，我国管辖的海域面积约有300万平方千米，占到了我国国土总面积的24%，在我国经济和社会发展面临资源短缺压力的情况下，海洋是我国具有战略意义的资源接替空间，科学合理利用海洋，对于我国的长远发展具有重大的战略意义。

20世纪80年代以后，沿海地区掀起了开发海洋的热潮，海洋经济发展成为国民经济新的增长点。随着我国工业化、信息化、城镇化、市场化、国际化的深入发展以及沿海地区国家发展战略规划的全面实施，沿海各地纷纷布局发展临海工业、港口物流、城镇建设、滨海旅游，用海需求持续增长，用海规模不断扩大，海洋开发利用方式逐渐多样化，从传统的“渔盐之利、舟楫之便”扩展到海水养殖、矿产勘探开采、海滨旅游、海洋能开发、海底管线铺设和围海造地等方式。2007年国家海洋局局长指出，各种行业之间的用海矛盾日渐突出，一些沿海地方擅自出让海域，海域使用一度出现了无序、无度、无偿的“三无”现象（隋明梅，2007）。

自《中华人民共和国海域使用管理法》《中华人民共和国海洋环境保护法》等相关法律法规及管理条例颁布以来，海洋开发顺应了海洋经济发展规律，合理配置了海域资源，有效解决了渔业养殖与港口航运、油气开采、旅游开发、国防建设等用海需求之间矛盾突出的问题，促进了海洋产业结构的调整和产业布局的优化（张志华等，2011）。

为了加强海域使用管理，维护国家海域所有权和海域使用权人的合法权益，促进海域的合理开发和可持续利用，国家海洋局准确把握时代发展的脉搏和海洋开发的形势，从海域管理的实际需要出发，用先进的科技信息手段提升管理水平，依法推进了国家海域动态监视监测管理系统建设。该系统的目标是建立国家、省、市、县四级业务体系，利用卫星遥感监测、航空遥感监测、地面监视监测和远程视频监控等手段，对我国近岸及其他海域开发活动进行动态监视监测，全面掌握海域资源状况、海域使用状况和海域管理状况，及时为各级政府、海洋部门和社会公众提供决策支持和信息服务，促进海洋开发有序进行、海域资源合理利用、海洋经济可持续发展。

全面推进海域动态监视监测管理系统业务化运行工作，深化系统应用，为我国海域管理提供有效和强有力技术支持，为海洋经济的健康发展做出贡献，是海域管理部门新的目标和任务（中国海洋报评论员，2011）。

2.1 建设意义

2.1.1 优化海域管理决策

推进业务软件平台建设和实际运行工作，对提升海域管理信息化、规范化和科学化水平，改进海域管理方式，深化管理内涵，促进科学决策，增强海域行政主管部门对海洋的开发、控制和综合管理能力等均具有重要意义。

国家海域动态监视监测管理系统的建设，能够实时、准确地获取海域使用信息，保持有关数据的现势性和及时更新，为国家制定海洋经济发展规划、海域资源利用规划等宏观决策提供可靠、准确的依据；能够寻求达到海域使用最佳整体效益的配置方案，以满足和协调国民经济各部门对用海的需求，进一步拉动海洋经济的发展；能够确定海域持续利用方式，以促进海域资源的保持和利用（杨璇，2011）。

各级海域管理部门利用业务软件平台开展项目用海分析，为海域使用申请审核提供辅助决策支持；定期开展海域专题分析评价，作为海域管理政策制定的依据；海域管理过程中涉及的海域使用界址确定、面积测量、图件制作等工作规范性和准确性得到较大提高。通过对监测数据进行数据挖掘和综合分析评价，系统形成了海岸线变迁分析、围填海强度变化趋势评价、用海结构分析评价等专题研究成果，提高了海域管理的辅助决策服务水平。

2.1.2 强化海域使用监管

作为海域管理的基础性工作，通过数据库、网络及业务软件平台的建设，建立国家、省、市、县四级海域动态监视监测业务体系，形成可长期、稳定、高效运行的国家海域动态监视监测管理系统，确保各级海域使用管理部门能实时把握海域使用动态，及时为各级政府、海洋部门、社会公众提供有价值的决策支持和信息服务。

通过业务软件平台，国家海洋局对海域使用权证书实行全国统一配号，从国家层面上规范了各级海域使用管理工作，提高海域使用权管理的科学化水平。通过海域使用权证书统一配号工作，上级管理部门可以及时、全面地掌握所管辖区内的海域使用申请审批状况和海域确权发证情况，确保海域使用权属数据的完整性、准确性、现势性，实现确权信息公开查询，进一步规范地方海域使用申请审批，杜绝化整为零的申请审批情况，同时也为管理部门做出更加合理的决策提供支持。

各级海洋部门拓展业务软件平台，增进资源整合，实现数据共享，进一步发挥业务软件平台在海域管理和执法工作中的支撑作用，不断提升业务化运行质量，有效提升管理部门对海域资源信息的掌控程度和快速反应能力，使业务软件平台成为海域管理技术支撑的核心和基础，也是积极践行新发展理念，更好地服务沿海经济社会，促进我国海洋事业又好又快发展的重要举措。

2.1.3　提升行政管理效率及社会公众服务效能

业务软件平台作为提升海域管理信息化、规范化和科学化水平的重要手段，对于改进海域管理方式，深化管理内涵，促进科学决策，增强海洋行政主管部门对海洋的开发、控制和综合管理能力具有重要意义（杨璇，2011）。在行政管理方面，海域动态监管相关单位加强了组织领导力，落实了分级管理、完善机制、明确分工、专职专岗的海域动态监视监测工作责任；明确了业务内容，在海域空间资源监视监测、海域使用状况监视监测、海域动态监视监测数据库管理、专题评价与海域管理决策支持服务等诸多监管方面全面开展了海域动态监视监测工作；强化了软件平台应用，为海洋功能区划管理、海域使用申请审批、海域使用权登记、海域使用统计、海域使用执法等方面的海域管理与执法工作提供了技术支持；落实了科学技术与信息安全相关的保证措施，确保了软件平台的稳定运行①，为提升行政管理效率，节约集约利用海洋资源，强化海洋资源的动态监管，统筹协调海洋生态修复，实施海洋生态红线和海洋工程区域限批制度，推进海洋生态文明示范区建设、生态补偿制度建设，加大海洋行政执法力度等提供了有力的支持，有序推进海域动态监视监测工作，为海域管理提供强有力的决策支持和技术支撑。

建设业务软件平台不仅可以优化国家海域管控工作，而且可以提升社会公众对于海域管控的认知，提高政府机构服务质量，从而为海域动态监管理念转变和服务创新提供新的契机。业务软件平台建设能增强社会公众的自助式服务功能，具体包括海洋政策法规、海域使用监测、海域使用管理、海洋监管执法等多方位的公众服务（叶芳，2015），使社会公众对海域综合管理工作有了更加清晰、明确的认识（钱丽丽，2010）。

2.2　需求分析

国家海域动态监视监测管理系统业务软件平台立足为各级海域管理部门

① 《关于全面推进海域动态监视监测工作的意见》。

提供更好的业务支撑和决策支持，为涉海单位和社会公众提供有效的信息服务，从海域综合管理的实际需要出发，对用户、业务和技术需求三个层面进行了分析。

2.2.1 用户分析

国家海域动态监视监测管理系统业务软件平台作为海域管理部门负责建立的综合业务系统，其核心功能就是为海域管理部门提供决策支持和信息服务。海域管理部门是业务软件平台的主要使用者；海域动态监管中心承担着监测数据采集、传输和管理，监测成果评价，系统应用服务，决策支持等任务，既是业务软件平台的使用者也是运维者；海域使用执法机构承担了执法信息采集、执法结论发布等任务，是业务软件平台的用户之一。此外，为充分发挥业务软件平台利用效益，业务软件平台也将逐步为其他涉海单位、科研部门及社会公众提供信息服务。

业务软件平台物理上分为专网和公网两部分，主体运行在专网，公网仅从专网业务软件平台中抽取部分数据进行对外发布。专网用户主要是海域管理和监测相关的网络节点，一般是业务软件平台使用者，包括海域行政管理部门、海域动态监视监测机构和海域使用执法机构等；公网用户主要是网站访问群体，即社会公众。业务软件平台主要用户群体如下。

1）海域行政管理部门：国家海洋局及各海区分局，沿海省、市、县海域管理部门。

2）海域动态监视监测机构：国家海洋环境监测中心（国家监管中心），国家海洋技术中心（国家网管中心），国家海洋信息中心（国家同步数据中心），其他国家海洋局局属监测单位，分局局属监测单位，沿海省、市、县级海域动态监管中心。

3）海域使用执法机构：国家海域使用执法机构，海区分局海域使用执法机构，沿海省、市、县执法队伍。

4）科研单位：涉海科学研究部门，已接入专网的，通过专网使用系统；未接入专网的，通过公网访问信息发布平台。

5）社会公众：社会用海企业和个人，主要通过公网访问信息发布平台。

6）其他单位：主要包括国家海洋局内相关业务司、海区分局内相关处室、其他涉海单位。接入专网的用户，根据数据需求，通过标准数据接口服务调取数据；未接入专网的用户，通过数据交换制度进行离线数据交换。

根据不同用户的业务需求，业务软件平台需设置不同的用户角色，分配不同的功能权限。

2.2.2　业务分析

海洋功能区划、海域使用权属管理、海域有偿使用是海域使用管理的三项基本制度，结合海域使用管理实际，从管理职责和具体实践出发，在业务软件平台进一步拓展、细化，从管理业务、监测业务、业务数据、运维保障和信息发布五个方面进行需求梳理分析。

2.2.2.1　管理业务需求

海洋工作在经济社会发展中的地位越来越突出，海洋事业的发展进入了一个新的重要时期。各级海洋部门坚持依法行政，有效推进了各项法律制度的贯彻落实，海域管理工作呈现出良好的发展势头。但在海域使用技术支撑体系方面仍显不足，在海域管理技术水平相对滞后，对海域使用情况的获取，难以做到迅速、直观、具体和全面。海洋开发活动的日益增加，对各级海洋管理、海洋执法、海洋科技和海洋服务工作提出了更新、更高的要求，迫切需要提高海域使用管理的科技含量和技术水平。

业务软件平台要在国家海域动态监视监测管理业务层面上，针对海洋功能区划、海域使用权、海域使用金、区域用海规划、围填海、海域整治修复、海底电缆、海域使用统计、海域使用论证、海域使用执法等多个类别的业务流程及监管内容，对省、市、县级海洋功能区划管理，海域使用权的申请审批、登记续期、拍卖转让和证书管理，海域使用金征缴减免，区域建设和农业围垦用海的规划、监测、管理和编制单位管制，围填海计划和项目的管理等相关功能需求进行实现。目标是要将国家海域动态监视监测管理系统业务软件平台建设成为全国海域使用管理技术支撑的核心和基础，为海域使用和管理工作提供精确的动态监视监测信息，实现静态管理到动态管理的转变，以提升我国海域使用管理的科学决策水平和电子政务水平。

2.2.2.2　监测业务需求

监测业务以海域空间资源现场监测和海域使用现状核查监测为主，以加强海域实时监测、动态评估和精准监管能力为方向，业务软件平台需完成岸线监测、区域用海规划监测、重点建设项目用海核查、疑点疑区现场核查、用海项目技术审核等相关监测业务管理，并对相关数据、监测视频和照片等影像资料进行管理，业务逻辑模型建立参考相关的监测标准规范，强化监测数据和成果管理，系统的建设运营对于改进海域管理方式，深化管理内涵，促进科学决策以及增强海洋行政主管部门，对海洋的开发、控制和综合管理能力具有重要意义。

2.2.2.3 业务数据需求

依据海域管理与监视监测业务需求，业务数据需求概括为一般性数据需求、专业性数据需求和交集需求三种。一般性数据需求主要服务于日常业务，如海域使用审批、监视监测；专业性数据需求主要服务于海域科学管理、海域空间资源与环境评价等；交集需求为一般性数据需求和专业性数据需求的交集，主要为多源多分辨率的遥感影像数据需求和基础地理信息数据需求等。

2.2.2.4 运维保障需求

信息已经成为最能代表综合国力的战略资源，国家海域动态监视监测管理系统业务软件平台作为海洋信息化的重要组成部分，运维保障方面需采用故障管理、配置管理、存储管理、资源管理、系统监控等技术，组建、聘请团队进行专业运维管理。同时，依据国家信息安全等级保护相关政策、法规和技术规范，按照网络安全等级保护第三级要求，采用身份认证、加解密、访问控制、病毒防护、入侵检测、漏洞扫描等技术，对业务软件平台进行信息安全保障。

2.2.2.5 信息发布需求

构建统一的面向社会公众的国家海域动态监视监测信息发布平台，该平台作为国家海域动态监视监测管理系统业务软件平台组成部分，采用统一架构、统一技术、统一管理、分工负责、共同建设的建设原则，整合海域动态监管信息资源库，设置公开发布窗口，规范各单位信息发布权限和发布内容，及时发布海域动态监管工作的相关资料信息，将海域动态监视监测信息发布平台建设为综合性的国家级权威信息发布门户。国家海域动态监视监测信息发布平台体现了海域管理部门立志建设服务型机构的新形象，便于涉海部门及相关机构对我国海域开展科学有效的监测和管理工作。

2.2.3 技术需求分析

2.2.3.1 系统技术架构需求

业务软件平台采用面向服务的架构思想，对海域管理、海域动态监测等基础性的业务进行封装，在不同的功能模块中可以实现代码的重复使用。对建立的业务应用进行横向和纵向集成。根据面向服务的思想建立统一的业务模型，利用服务、组件搭建海域动态监视监测业务软件平台，各业务应用系统内部和业务应用系统之间在总体组件框架支持下，通过统一接口标准，利用服务交互和消息传递等功能组件，实现业务软件平台的横向集成。在海域资源数据交换建设中，利用面向服务的标准，通过事务驱动、数据驱动、消息驱动等方式对服务进行集成，在统一的数据传输协议、数据内容标准等的支持下，利用服务交互、消息处理等功能组件提供数据交换服务，实现国家级—省级纵向业务应用系统的联动、信息的传输和数据交换，并实现与政府相关部门的数据交换与共享。

2.2.3.2 系统部署方式需求

采用国家和省两级节点分布式部署模式，即在国家级节点云服务平台上部署国家级软件，提供统一的数据检校、统计与地图服务等功能，在各省级节点安装省级软件，提供各省范围内的海域使用权管理、数据录入、统计等功能，国家级软件和省级软件通过数据差异化同步模块，实现数据的实时同步和服务器端程序的更新。各用户可以通过 Web 方式访问国家级节点和本省节点系统。

2.2.3.3 数据交互与共享需求

在业务软件平台接口上，用户通过浏览器或者具有海域监管插件的客户端调用海域监管云平台系统的各种云服务。空间信息服务、遥感影像等服务仅提供调用的接口，无用户界面。为了实现数据在各平台、各数据库之间的交换和流转，建立统一的数据交换体系，以此来达到统一规划设计数据交换、协调组织数据交换工作的目的。

在功能接口上，提供符合国际标准的开发接口，便于支撑其他应用系统的二次开发，包括海域监管系统的业务软件平台的内部接口和业务应用系统之间的外部接口。内部接口主要包括业务组件接口、公共组件接口、内部服务总线接口等。外部接口主要包括业务应用服务接口、运维支撑服务接口、第三方应用系统服务接口、应用支撑平台接口、遥感服务接口、空间信息平台服务接口、数据服务接口等。

2.2.3.4 网络带宽及数据存储需求

业务软件平台内数据的存储形式主要包括文件和数据库两类，所有数据均存在文件类形式，且根据工作流程以及备份和安全的需要，同一份数据会存在多个文件类拷贝；而在业务软件平台中统一管理的数据则进行标准化处理后以数据库形式管理。

系统网络传输带宽上，需求主要在于应用系统的访问、遥感影像的下载及视频会议和视频监控数据的传输。为确保业务软件平台具有较好的用户访问体验，减小业务软件平台的响应时间，预留给业务软件平台的网络带宽应当在 10 兆比特/秒以上（一张 1 兆大小的网页能在 1 秒内访问，有些含 Flash 或地图的网页可达 2～3 兆）。而遥感影像下载速度一般应在 1～2 兆/秒以上，相应的网络带宽也在 10～20 兆比特/秒以上，视频监控和视频会议的带宽与节点数和视频质量相关，如一个节点普清，则需要 2～4 兆比特/秒带宽，如果一个省有 5 个节点和 5 个视频监控点同时进行视频传输，则理想的带宽为 20～40 兆比特/秒。综上所述，专网的网络带宽需求应在 10 兆比特/秒以上，理想需求在 50 兆比特/秒以上。

2.2.3.5　应用支撑与服务扩展需求

应用开发支撑平台是把“业务应用”通用的、基础的功能抽取出来，抽象成各种应用支撑服务，如鉴权、工作流、数据交换、日志处理、内容服务等，这样既可以为不同的业务提供统一的标准，也避免各业务的重复建设增加不必要的成本。通过应用支撑平台可以为新应用的开发和原有应用、资源的整合提供强大的集成一体化的开发环境，可以通过可视化的配置方式搭建新的应用系统及整合原有资源和系统。

2.2.3.6　信息安全建设需求

2007 年，国家相关部门联合开展了全国重要信息系统安全等级保护定级工作，并颁布了信息安全等级保护管理办法。按照要求，国家海域动态监视监测管理系统业务软件按照网络安全等级保护三级的要求进行建设，在设计时需重点考虑应用系统的安全性设计，确保用户能够安全操作以及保证数据传输的安全性，安全性设计主要包括身份鉴别、访问控制、安全审计、软件容错、资源控制等内容。

第3章　总体设计与关键技术

3.1　软 件 架 构

业务软件平台采用过程控制的软件工程方法，采用阶段式、里程碑式评审的方法进行开发管理。基于可扩展的组件式开发，通过总线技术与其他系统进行交互，采用面向对象技术进行需求获取、系统设计、编码实现、测试及部署。架构包括 C/S（客户机/服务器）和 B/S（浏览器/服务器）两种模式，这两种模式实现均采用 MVC［模型（model）-视图（view）-控制器（controller)］进行模型视图、控制、模型的分析，有利于组件化和系统未来的维护。业务软件平台总体架构包括 1 套标准规范体系、1 个专线传输网络、2 个云服务平台、5 类数据库、2 类基本应用子系统、4 种监测手段和 4 类服务对象，架构如图 3-1 所示。

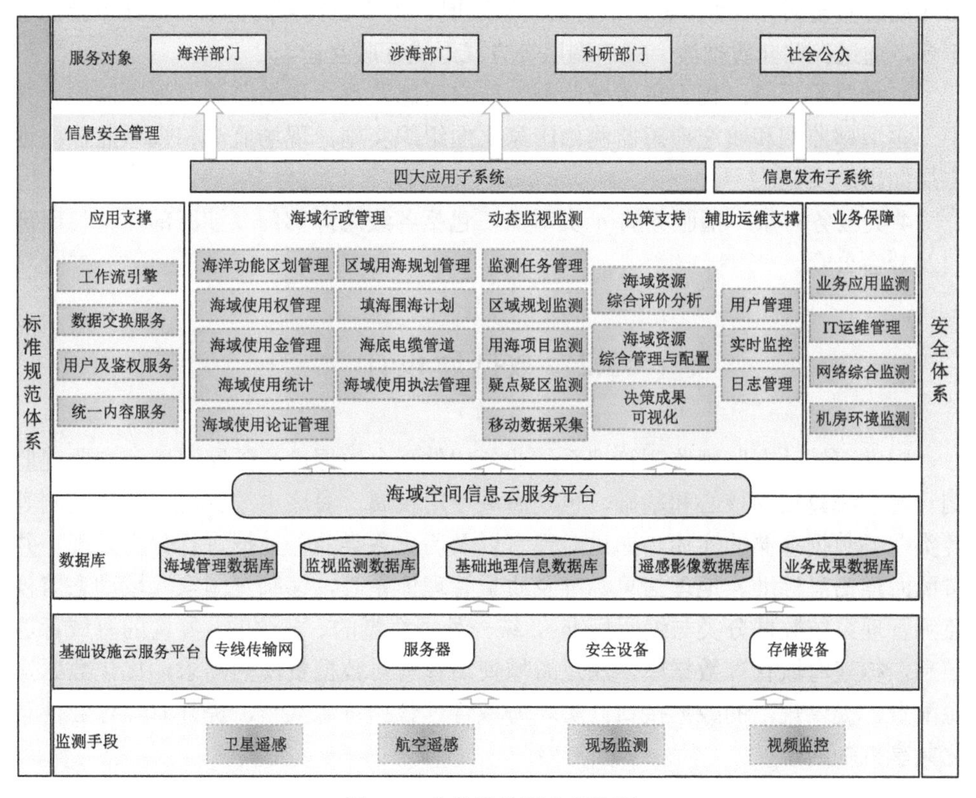

图 3-1　业务软件平台架构图

1 套标准规划体系：在基础通用标准和行业术语的基础上，充分考虑海洋数据资源、业务应用、技术条件和环境保护等各要素之间的关系，设计海域动态监视监测业务标准规范体系，主要包括监测业务、监测技术、监测数据、业务软件和软件平台管理 5 类的标准规范。

1 个专线传输网络：指覆盖国家、省、市、县四级海洋部门的专线传输网络，该网络连接了各级海域行政管理部门、海域动态监管中心、海域使用执法机构及部分其他涉海单位。

2 个云服务平台：指海域空间信息和基础设施两个云服务平台，云服务平台由国家部署，其他信息化系统调用，在专网内提供统一的服务。

5 类数据库：指海域管理数据库、监视监测数据库、基础地理信息数据库、遥感影像数据库及业务成果数据库。

2 类基本应用子系统：一类指在专网内的软件，由海域行政管理子系统、动态监视监测子系统、决策支持子系统、辅助运维支撑子系统四大应用子系统组成，该类子系统提供海域行政管理、海域动态监视监测管理、决策支持、辅助运维等系统功能。另一类指在专网外的软件，即信息发布子系统，包括为社会公众服务的国家海域动态监管网、不动产登记平台及国家发展和改革委员会投资项目在线审批监管平台，通过存储介质摆渡、接口调用等方式形成互联互通。

4 种监测手段：指卫星遥感监测、航空遥感监测、现场监测及视频监控。其中卫星遥感监测和航空遥感监测由国家层面组织实施，现场监测和视频监控由地方层面组织实施。

4 类服务对象：指服务的 4 类对象，包括各级海洋部门、涉海部门、科研部门及社会公众。

3.2　数据库设计

国家海域动态监视监测管理系统业务软件平台数据库是国家海域动态监视监测管理系统建设的核心和基础，也是海域使用权属、海底电缆管道、监视监测等各类业务数据存储的实体。通过对现有以及历史各类业务数据进行分析处理，并按照海洋信息标准、地理信息标准及质量管理体系等，编制《国家海域动态监视监测管理系统数据分类与编码标准》，统一处理海量的、多源的、异构的海域管理信息，构建海域管理数据库，满足海域使用管理对数据资源的需求，优化数据资源配置，提供规范的数据接口，实现海域管理数据资源共享，提升海洋行业信息化共享机制的建设。

3.2.1　设计原则

国家海域动态监视监测管理系统业务软件平台数据库依据《国家海域动态监视监测管理系统数据分类与编码标准》进行设计，除了坚持数据分类存储、建立关联关系、降低数据冗余等原则外，根据海域管理数据和动态监视监测数据自身特性，主要从以下几方面考虑。

（1）全面准则

所涉及的内容尽可能全面，字段的类型、长度能准确地反映业务信息需求和信息处理需求，数据结构能满足当前和未来的业务需要。

（2）数据共享

兼顾海域管理数据的应用和共享需求，可方便国家、省、市、县四级不同应用系统调用数据。同时提供对外统一接口服务。

（3）关系一致

准确表述不同数据表的相互关系，如一对一、一对多、多对多等，符合业务数据实际情况。

（4）高频分离

将高频使用的数据从主表中分离，有助于大幅度提高系统运行的性能。

3.2.2　总体结构设计

数据库总体设计从业务层面进行，主要分成海域管理数据库、监视监测数据库、基础地理信息数据库、遥感影像数据库、业务成果数据库五大类，数据库总体结构如图 3-2 所示。

第一，海域管理数据库是整个数据库的核心，涉及多种业务管理，主要包括海洋功能区划、区域用海规划、围填海计划、海域权属管理、海域使用金、海域使用统计、海域使用论证、海底电缆管道。

1）海洋功能区划数据库依据《海洋功能区划技术导则》（GB/T 17108—2006）、《海洋功能区划管理规定》《海洋功能区划备案管理办法》《省级海洋功能区划编制技术要求》设计，数据库主要组织存储沿海各省多个版本的功能区划数据，包括功能区划的矢量数据、批复文件、区划文本等相关文档资料。

2）区域用海规划数据库依据《区域用海规划编制技术要求》设计，主要对建设用区域规划和农业用区域规划两种业务数据进行组织和存储，内容包括各类规划矢量数据、基本信息、规划图件、遥感影像数据等。

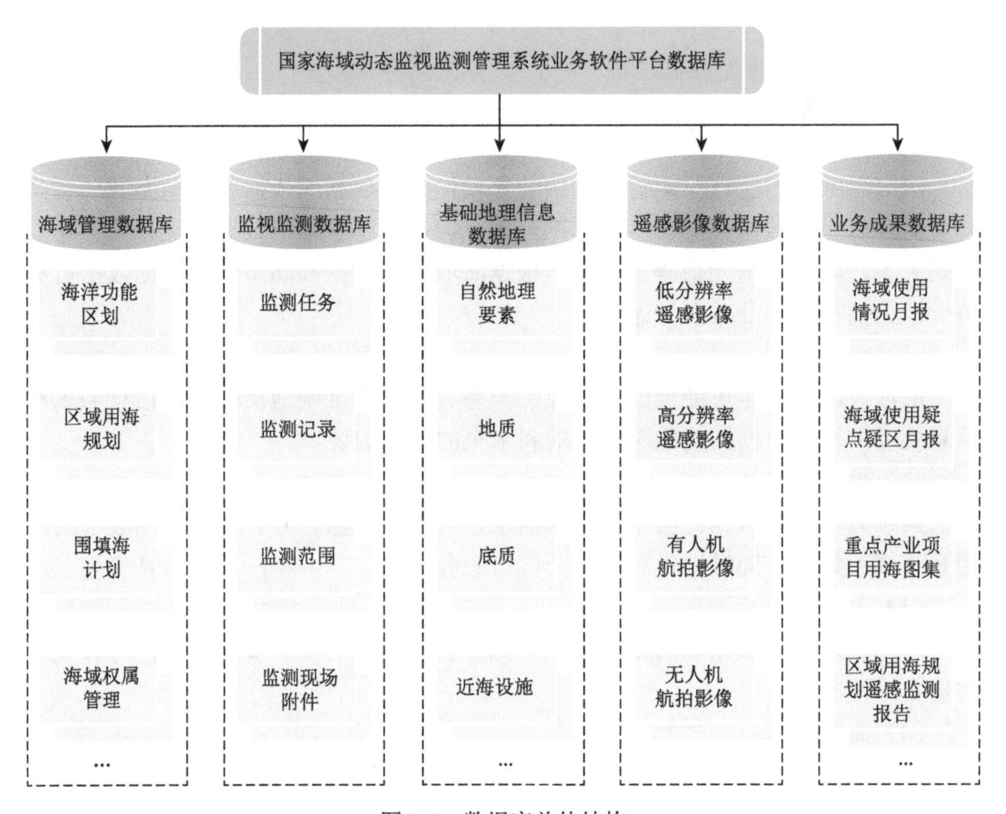

图 3-2　数据库总体结构

3）围填海计划数据库依据《围填海计划管理办法》设计，主要是存储不同年度的围填海项目指标、指标安排、指标核减等。

4）海域权属管理数据库依据《海域使用权管理规定》等相关文件设计，组织存储现状数据（即已批复并获得证书的海域使用权属数据）、历史数据（即已经变更或者注销的海域使用权属数据）、海域使用权属审批过程数据等业务数据。

5）海域使用金数据库依据《海域使用金使用管理暂行办法》和《海域使用金减免管理办法》设计，主要存储全国海域使用金缴纳情况、缴纳凭证以及与海域使用权属数据关系等。

6）海域使用统计数据库依据《海域使用统计报表制度》和《海域使用统计管理暂行办法》设计，主要组织存储全国，沿海各省、市、县级海域使用管理数据的 13 张报表统计情况，包括经营性用海项目确权情况、公益性用海项目确权情况、经营性项目使用权注销情况、公益性项目使用权注销情况、海域使用权招标拍卖情况、海域使用权变更情况、海域使用权抵押情况、临时用海管理情况、区域规划公共设施登记情况、原有项目海域使用金征收、新增项目海域使用金征收、海域使用金减免情况、海域有偿使用情况。

7）海域使用论证数据库依据《海域使用论证评审专家库管理办法》设计，主要组织存储专家信息、论证单位信息、论证报告。

8）海底电缆管道数据库依据《铺设海底电缆管道管理规定实施办法》设计，存储路由调查、海底电缆管道两种业务数据，包括基本信息、空间信息及相关的附件。

第二，监视监测数据库依据《关于全面推进海域动态监视监测工作的意见》设计，主要组织存储重点项目、正在申请项目、疑点疑区、区域规划四种监测类型的监测任务、监测记录、监测范围、监测现场附件等。

第三，基础地理信息数据库引入“天地图”数据库，采用CSGS2000（2000国家大地）坐标系，1985国家高程基准，为海洋管理可视化提供基础地理信息支持。

第四，遥感影像数据库存储自1993年至今历年沿海海岸带低分辨率、高分辨率遥感影像数据，以及有人机、无人机航拍影像数据。

第五，业务成果数据库是在海域管理数据库和监视监测数据库基础上编制的各类统计分析报告、专题图等业务成果，包括：海域使用情况月报、海域使用疑点疑区月报、重点产业项目用海图集、区域用海规划遥感监测报告、岸线遥感监测分析与评价报告等。

3.2.3　逻辑结构设计

海域管理数据库设计以提升系统性能为前提，在进行实体关系图设计时，充分考虑实体的属性和主键等因素，消除冗余的关联关系。由于涵盖业务较广，数据库E-R（实体-联系）图较为庞大，本节以核心的海域使用权属管理数据库、监视监测数据库为例进行详细阐述。

3.2.3.1　海域使用权属管理数据库

海域使用权属数据是海域管理数据的核心，在海域使用权属数据中，所存的实体有海域使用权属项目、证书、附件等基本信息实体，也有追溯海域使用权属抵押、变更、注销等数据状态的实体，通过分析各实体之间的关系，可以看出，证书实体是海域使用权属管理数据的主体，通过与海域使用权属项目、海域使用金缴纳、海域使用出租等实体建立关联关系，可反映海域使用权属空间位置、状态及其他信息，如图3-3所示。

3.2.3.2　监视监测数据库

通过分析监视监测各实体之间的关系，可以看出，监测任务是监视监测数据的核心，通过与重点项目监测记录、区域规划监测记录、疑点疑区监测记录、正在申请项目监测记录等实体建立关联关系，可反映海域监视监测范围、违规情况等，如图 3-4 所示。

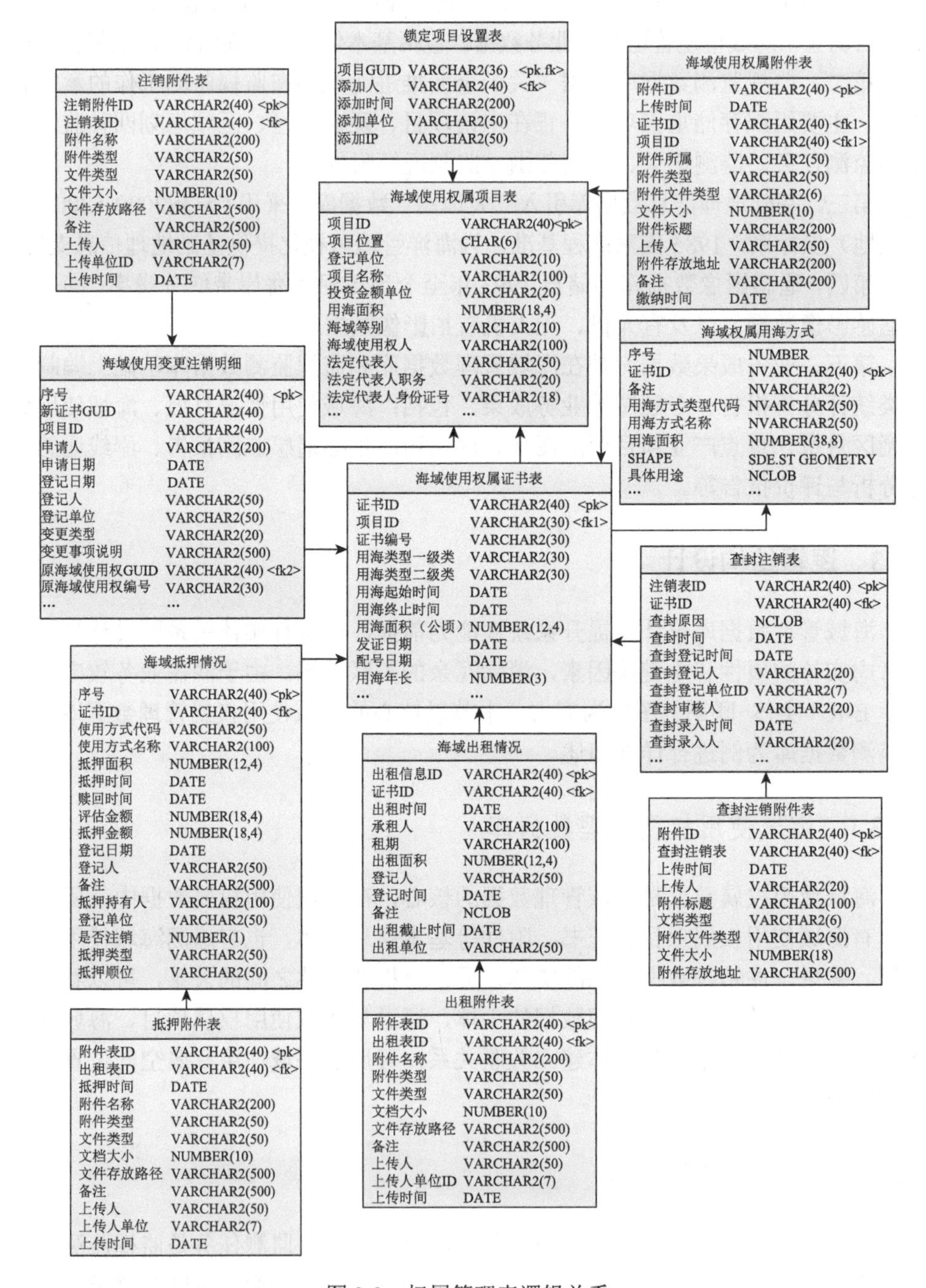

图 3-3　权属管理表逻辑关系

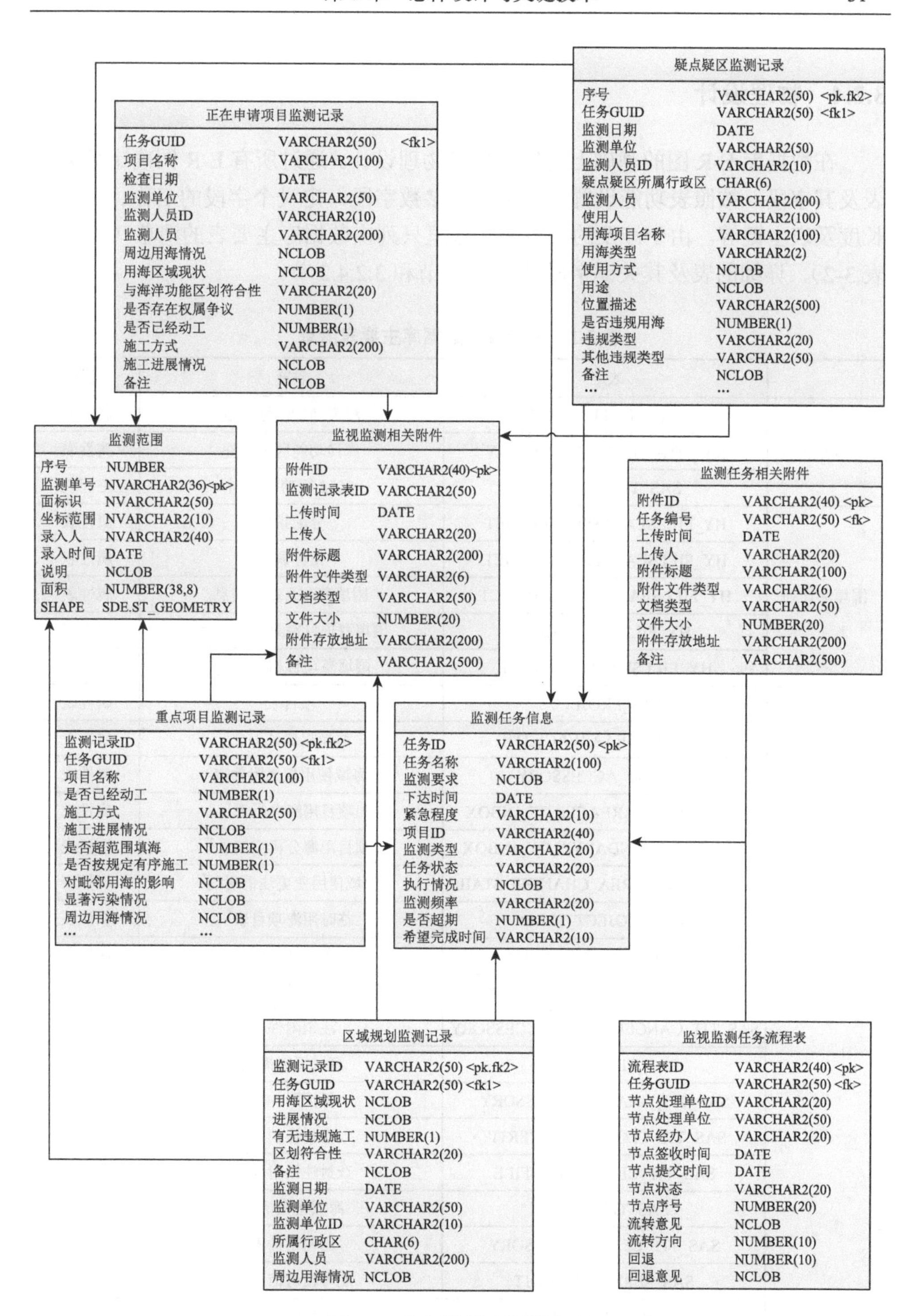

图 3-4 监视监测表逻辑关系

3.2.4 物理设计

在数据库 E-R 图的基础上进行数据库物理设计。通过所有 E-R 图确定数据库表及其字段，按照表功能设置关键字段和参数字段，定义个字段的名称、类型、长度及表主键等。由于涉及的表较多，这里只列出数据库主要表的清单（表 3-1、表 3-2），详细的表及其关键字段见 3.2.4.1 节和 3.2.4.2 节。

表 3-1 海域管理数据库主要表清单

	表名	解释	类型
海洋功能区划	HY_DIC_FUNSORT	海洋功能区划类型	属性表
	SAS_TFA_GNQH_ACCESSORY	海洋功能区划附件	属性表
	SAS_TFA_GNQH_B	2012 版功能区划	空间表
围填海计划	HY_FILLSEA_ASSIGNTARGET	分配指标	属性表
	HY_FILLSEA_ADJUSTTARGET	指标调配	属性表
	HY_FILLSEA_TARGETPROJECT	围填海项目基本信息	属性表
	HY_FILLSEA_BLOCK	围填海项目宗海区块信息*	属性表
	HY_FILLSEA_ACCESSORY	围填海项目相关附件*	属性表
海域权属管理	SAS_PROJECT	项目表	属性表
	SAS_TIT_SEAAREACERTIF	海域权属证书表	属性表
	SAS_TIT_ACCESSORY	海域使用权属附件表	属性表
	SAS_TIT_SEAAREACERTIF_INBOX	项目用海分析表*	属性表
	BAS_TIT_BOUNDARYPLOY_INBOX	项目用海分析空间表*	属性表
	SAS_TIT_SEAAREA_CHANGEDETAIL	海域使用变更注销明细*	属性表
	SAS_PROJECT_TEMP	临时用海项目表*	属性表
	SAS_TEMP_ACCESSORY	临时用海项目附件表*	属性表
	SAS_TFA_REGIONREGISTER	非经营性公共设施用海登记表*	属性表
	SAS_TIT_CANCELLATIONACCESSORY	注销附件表*	属性表
	SAS_TIT_CHARGE	海域抵押情况*	属性表
	SAS_TIT_CHARGEACCESSORY	抵押附件表*	属性表
	SAS_TIT_CLOSEDOWNCERTIF	查封注销表*	属性表
	SAS_TIT_CLOSEDOWNFILE	查封注销附件表*	属性表
	SAS_TIT_LEASE	海域出租情况*	属性表
	SAS_TIT_LEASEACCESSORY	出租附件表*	属性表
	SAS_SERIALNOAUDIT	配号校对信息表*	属性表
	BAS_TIT_BOUNDARYPLOY_CUR	现状用海方式	空间表

续表

	表名	解释	类型
海域使用金	SAS_PAYMOE	海域使用金表	属性表
	SAS_PAYMOEAUDIT	海域使用金审核表*	属性表
	SAS_PAYPRINTRECORD	海域使用金打印记录表*	属性表
	SAS_TIT_SEAAREACERTIF_NOTIFY	海域使用金缴纳通知、使用权批准表*	属性表
	SAS_TIT_USEGOLDSTANDARD	海域使用金征收标准	属性表
海域使用统计	HY_TONGJIREPORT	海域使用统计报表	属性表
海域使用论证	SAS_TIT_HYLZREPORT	海域论证报告表*	属性表
	LZ_EXPERT	海域使用论证专家信息*	属性表
	LZ_UNITAUDIT	论证资质年审表*	属性表
	LZ_UNITINFO	论证资质单位信息*	属性表
	LZ_ACCESSORY	论证资质管理附件表*	属性表
海底电缆管道	SAS_CABLEPIPELINEREGISTER	海底电缆管道注册表	属性表
	SAS_CABLEPIPELINEFILE	海底电缆管道注册附件表*	属性表
	SAS_ROUTESURVEY	海底电缆管道*	属性表
	SAS_ROUTESURVEY_ACCESSORY	海底电缆管道附件*	属性表
	SAS_SUBMARINECABLE_ACCESSORY	铺设施工附件表*	属性表
	SAS_SUBMARINECABLE_LAYER	海底电缆管道施工单位表*	属性表
	SAS_SUBMARINECABLE_PERMIT	铺设施工信息*	属性表
	SAS_SUBMARINECABLE_VESSEL	施工船舶信息*	属性表
	HAIDIDIANLANGUANDAOL	海底电缆管道线*	空间表
	HDDLGX	海底电缆管线*	空间表
	LUYOUDAOCHAXIAN	路由调查线*	空间表
	SAS_CABLEPIPELINEL	注册用海方式*	空间表

*部分未在章节中介绍

表 3-2　监视监测数据库表清单

	表名	解释	类型
监测任务	STA_TIT_TASKINFO	监测任务信息	属性表
	STA_TIT_TASKTAKETURNS	监视监测任务流程表	属性表
	STA_TIT_TASKFILES	监测任务相关附件*	属性表
	STA_TIT_PROGRAMFILE	监测方案管理*	属性表
监测记录	STA_TIT_IMPORTPROJECT	重点项目监测记录表	属性表
	STA_TIT_APPPROJECT	正在申请项目*	属性表
	STA_TIT_AREAPLAN	区域规划监测*	属性表

续表

	表名	解释	类型
监测记录	STA_TIT_ABNORMITY	疑点疑区*	属性表
	JSJC_QYGHREMOTESENSING	区域规划监测核查遥感监测表*	属性表
	JSJC_YDYQCATALOG	疑点疑区核查目录表*	属性表
	JSJC_YDYQFLOWPROCESS	疑点疑区流转表*	属性表
监测范围	STA_TIT_AREA	监测范围*	空间表
	Sta_Tit_Abnormity_Poly	疑点疑区面*	空间表
监测现场附件	JSJC_YDYQFILE	核查报告附件表*	属性表
	STA_TIT_ATTACHFILES	监视监测-监测相关附件*	属性表
	STA_TIT_JCREPORT	监测报告表*	属性表

* 部分未在章节中介绍

3.2.4.1　海域管理

（1）海洋功能区划

海洋功能区划类型和附件见表 3-3 和表 3-4，2012 版功能区划见表 3-5。

表 3-3　海洋功能区划类型（HY_DIC_FUNSORT）

字段名称	字段描述	数据类型	长度	主键
SID	SID	NUMBER（20）	20	否
FUNSORT_ID	类型编码	VARCHAR2（6）	6	是
SORT_NAME	类型字段描述	VARCHAR2（50）	50	否
PARENTID	父节点	VARCHAR2（6）	6	否

表 3-4　海洋功能区划附件（SAS_TFA_GNQH_ACCESSORY）

字段名称	字段描述	数据类型	长度	主键
ACS_GUID	ID	VARCHAR2（40）	40	是
ACS_TITLE	标题	VARCHAR2（400）	400	否
ACS_TYPE	附件类型	VARCHAR2（100）	100	否
ACS_FILETYPE	文件类型	VARCHAR2（6）	6	否
ACS_FILESIZE	文件大小	NUMBER（10）	10	否
ACS_STOREADDRESS	文件路径	VARCHAR2（400）	400	否
……	……	……	……	……

表 3-5　2012 版功能区划（SAS_TFA_GNQH_B）

字段名称	字段描述	数据类型	长度	主键
序号	序号	NUMBER	—	否
字段名称	字段名称	NVARCHAR2（40）	40	否
功能区字段描述	功能区字段描述	NVARCHAR2（100）	100	否
所在省	所在省	NVARCHAR2（40）	40	否
所在市	所在市	NVARCHAR2（40）	40	否
所在县	所在县	NVARCHAR2（40）	40	否
功能区类型	功能区类型	NVARCHAR2（40）	40	否
面积	面积	NUMBER（38, 8）	38	否
岸段长度	岸段长度	NUMBER（38, 8）	38	否
行政区划	行政区划	NVARCHAR2（10）	10	否
海域使用管理要求	海域使用管理要求	NCLOB	—	否
海洋环境保护要求	海洋环境保护要求	NCLOB	—	否
……	……	……	……	……

（2）围填海计划

分配指标见表 3-6，调配指标见表 3-7，围填海项目基本信息见表 3-8。

表 3-6　分配指标（HY_FILLSEA_ASSIGNTARGET）

字段名称	字段描述	数据类型	长度	主键
FS_ID	下达指标 ID	VARCHAR2（40）	40	是
FS_QHID	行政区划 ID	VARCHAR2（6）	6	否
FS_JHYEAR	年份	VARCHAR2（4）	4	否
FS_XDTIME	下达时间	DATE	—	否
FS_XDJSZB	下达建设指标	FLOAT	—	否
FS_XDNYZB	下达农业指标	FLOAT	—	否
FS_DISPATCHNUM	发文文号	VARCHAR2（50）	50	否

表 3-7　调配指标（HY_FILLSEA_ADJUSTTARGET）

字段名称	字段描述	数据类型	长度	主键
FS_GUID	调配指标 ID	VARCHAR2（40）	40	是
FS_QHID	行政区划 ID	VARCHAR2（6）	6	否
FS_JHYEAR	年份	VARCHAR2（4）	4	否

续表

字段名称	字段描述	数据类型	长度	主键
FS_TPTIME	调配时间	DATE	—	否
FS_DISPATCHNUM	发文文号	VARCHAR2（50）	50	否
FS_TPJSZB	下达建设指标	FLOAT	—	否
FS_TPNYZB	下达农业指标	FLOAT	—	否

表 3-8　围填海项目基本信息（HY_FILLSEA_TARGETPROJECT）

字段名称	字段描述	数据类型	长度	主键
FS_PROGUID	项目 GUID	VARCHAR2（40）	40	是
FS_PROKIND	项目性质	VARCHAR2（40）	40	否
FS_TARGETTYPE	指标类型	VARCHAR2（50）	50	否
FS_QHID	项目所属行政区域	VARCHAR2（50）	50	否
FS_USEWAY	海域使用方式	CHAR（2）	2	否
FS_ADDRESS	项目具体位置	NVARCHAR2（100）	100	否
FS_YSTIME	指标安排时间	DATE	—	否
FS_YSNUM	指标安排文件文号	VARCHAR2（50）	50	否
FS_YSUNIT	指标安排机关	VARCHAR2（7）	7	否
FS_LIXIANGNUM	立项文号	VARCHAR2（50）	50	否
FS_LIXIANGUNIT	立项机关	VARCHAR2（50）	50	否
FS_LIXIANGDATE	立项日期	VARCHAR2（50）	50	否

（3）海域权属管理

项目表见表 3-9，海域权属证书表见表 3-10，海域使用权属附件表见表 3-11，配号校对信息表见表 3-12，现状用海方式见表 3-13。

表 3-9　项目表（SAS_PROJECT）

字段名称	字段描述	数据类型	长度	主键
PRO_ID	项目 ID	VARCHAR2（40）	40	是
PRO_ADMINISTRATIVE_CODE	项目位置	CHAR（6）	6	否
PRO_BOOKUNITID	登记单位	VARCHAR2（10）	10	否
PRO_USENAME	项目名称	VARCHAR2（100）	100	否
PRO_INVEST	投资金额	NUMBER（18, 2）	18	否
PRO_USEAREA	用海面积	NUMBER（18, 4）	18	否

续表

字段名称	字段描述	数据类型	长度	主键
PRO_USESEALINE	占用岸线	NUMBER（18）	18	否
PRO_ADDSEALINE	新增岸线	NUMBER（18）	18	否
PRO_GRADE	海域等别	VARCHAR2（10）	10	否
PRO_TITLEUSER	海域使用权人	VARCHAR2（100）	100	否
PRO_CORPORATION	法定代表人	VARCHAR2（50）	50	否
PRO_CORPDUTY	法定代表人职务	VARCHAR2（20）	20	否
PRO_IDENTITYCARD	法定代表人身份证号	VARCHAR2（18）	18	否
PRO_ADDRESS	通信地址	VARCHAR2（200）	200	否
PRO_POSTALCODE	邮政编码	VARCHAR2（6）	6	否
PRO_TOUCHNAME	联系人	VARCHAR2（50）	50	否
PRO_TOUCHTEL	联系电话	VARCHAR2（50）	50	否
PRO_GRANTDEPARTMENT	发证机关	VARCHAR2（50）	50	否
PRO_GRANTDEPARTMENT_LEVEL	发证机关级别	CHAR	—	否
PRO_ADDRESSNOTE	用海位置文字说明	VARCHAR2（500）	500	否
PRO_ACCEPTDATE	受理日期	DATE	—	否
PRO_COORDINATE	坐标系名称	VARCHAR2（200）	200	否
PRO_STATUS	项目状态	VARCHAR2（10）	10	否
PRO_CERTIFNUM	证书数量	NUMBER（10）	10	否
PRO_BOOKDATE	登记时间	DATE	—	否
PRO_BOOKER	登记人	VARCHAR2（50）	50	否
PRO_CELLPHONE	手机	VARCHAR2（50）	50	否
PRO_FAXNUM	传真	VARCHAR2（50）	50	否
PRO_LZREPORTNAME	论证报告名称	VARCHAR2（100）	100	否
PRO_LZUNITNAME	论证单位	VARCHAR2（100）	100	否
PRO_LZQUALIFICATEGRADE	资质等级	VARCHAR2（50）	50	否
PRO_LZPROJECTMANAGER	项目负责人	VARCHAR2（50）	50	否
PRO_LZZZREVIEWUNIT	组织评审部门	VARCHAR2（100）	100	否
PRO_LZREVIEWLEADER	评审专家组组长	VARCHAR2（100）	100	否
PRO_LZREVIEWDATE	评审日期	DATE	—	否
PRO_LZQUALITY	质量评估分	VARCHAR2（50）	50	否
PRO_POSITION_NAME	项目位置	VARCHAR2（500）	500	否
PRO_GRANTDATE	用海批准日期	DATE	—	否
……	……	……	……	……

表 3-10　海域权属证书表（SAS_TIT_SEAAREACERTIF）

字段名称	字段描述	数据类型	长度	主键
SAT_ID	证书 ID	VARCHAR2（40）	40	是
PRO_ID	项目 ID	VARCHAR2（40）	40	否
SAT_CERIFICATEID	证书编号	VARCHAR2（30）	30	否
SAT_PURPOSE_A	用海类型一级类	VARCHAR2（30）	30	否
SAT_PURPOSE_B	用海类型二级类	VARCHAR2（30）	30	否
SAT_USEAREA	用海面积（公顷）	NUMBER（12, 4）	12	否
SAT_ISSUEDATE	发证日期	DATE	—	否
SAT_ADMEASUREDATE	配号日期	DATE	—	否
SAT_IF	用海设施和构建物	VARCHAR2（40）	40	否
SAT_USEBEGINDATE	用海起始时间	DATE	—	否
SAT_USEENDDATE	用海终止时间	DATE	—	否
SAT_APPLYYEAR	用海年限	NUMBER（3）	3	否
SAT_FEESTANDARD	海域使用金征收标准	VARCHAR2（200）	200	否
SAT_PAYFEE	缴纳总金额	NUMBER（18, 2）	18	否
SAT_PAYMENTTYPE	缴纳类型	VARCHAR2（50）	50	否
SAT_FEESTANDARD_NOTE	海域使用金征收标准	VARCHAR2（200）	200	否
SAT_PREPARE	填表人	VARCHAR2（50）	50	否
SAT_PREPAREDEPT	填报机关	VARCHAR2（50）	50	否
SAT_PREPARETIME	填表时间	DATE	—	否
SAT_VERIFYTABLENO	审批表号或批准合同号	VARCHAR2（100）	100	否
SAT_ADDRESSNOTE	项目位置说明	VARCHAR2（500）	500	否
SAT_BOOKER	证书登记人	VARCHAR2（50）	50	否
SAT_BOOKDATE	登记时间	DATE	—	否
SAT_VERIFIER	审核人	VARCHAR2（50）	50	否
SAT_STATUS	证书状态	VARCHAR2（10）	10	否
SAT_NUMBER	登记编号	VARCHAR2（50）	50	否
SAT_AFFRIGHTWAY	确权方式	VARCHAR2（50）	50	否
SAT_USEKIND	用海性质	VARCHAR2（6）	6	否
……	……	……	……	……

表 3-11　海域使用权属附件表（SAS_TIT_ACCESSORY）

字段名称	字段描述	数据类型	长度	主键
ACS_GUID	附件 GUID	VARCHAR2（40）	40	是
ACS_UPLOADTIME	上传时间	DATE	—	否
SAT_ID	证书 ID	VARCHAR2（40）	40	否
PRO_ID	项目 ID	VARCHAR2（40）	40	否
ACS_TYPE	附件类型	VARCHAR2（50）	50	否
ACS_FILETYPE	附件文件类型	VARCHAR2（6）	6	否
ACS_FILESIZE	文件大小	NUMBER（10）	10	否
ACS_TITLE	附件标题	VARCHAR2（200）	200	否

表 3-12　配号校对信息表（SAS_SERIALNOAUDIT）

字段名称	字段描述	数据类型	长度	主键
SNA_SEQ	序号	VARCHAR2（40）	40	是
PRO_ID	项目编号（GUID）	VARCHAR2（40）	40	否
SNA_USERNAME	校对人	VARCHAR2（50）	50	否
SNA_UNITNAME	校对单位	VARCHAR2（50）	50	否
SNA_TIME	校对时间	DATE	—	否
SNA_PASS	校对结论	VARCHAR2（1）	1	否

表 3-13　现状用海方式（BAS_TIT_BOUNDARYPLOY_CUR）

字段名称	字段描述	数据类型	长度	主键
OBJECTID	序号	NUMBER	—	否
SAT_ID	面标识	NVARCHAR2（40）	40	是
SAT_USEMODENAME	使用方式名称	NVARCHAR2（50）	50	否
SAT_USEMODE	使用方式描述	NVARCHAR2（50）	50	否
SAT_USEAREA	用海面积	NUMBER（38, 8）	38	否
SAT_NOTE	具体用途	NCLOB	—	否
……	……	……	……	……

（4）海域使用金

海域使用金表见表 3-14，海域使用金征收标准见表 3-15。

表 3-14 海域使用金表（SAS_PAYMOE）

字段名称	字段描述	数据类型	长度	主键
SAS_PAYID	缴纳 GUID	VARCHAR2（40）	40	是
SAT_ID	证书 ID	VARCHAR2（40）	40	否
SAS_QHID	项目位置	CHAR（6）	6	否
SAS_PROJECTNAME	项目字段描述	VARCHAR2（200）	200	否
SAS_PROJECTUSER	使用权人	VARCHAR2（100）	100	否
SAS_ISTEMPORARYUSEAREA	是否临时用海	NUMBER（1）	1	否
SAS_TIMELIMIT	用海时限	VARCHAR2（50）	50	否
SAS_AFFRIGHTWAY	确权方式	VARCHAR2（50）	50	否
SAS_PURPOSE_A	用海类型一级类	VARCHAR2（30）	30	否
SAS_PURPOSE_B	用海类型二级类	VARCHAR2（30）	30	否
SAS_CUSTOMDATE	缴纳时间	DATE	—	否
SAS_USEMODECODE	用海方式字段名称	VARCHAR2（50）	50	否
SAS_USEMODENAME	用海方式字段描述	VARCHAR2（50）	50	否
SAS_USEAREA	用海面积	NUMBER（18, 4）	18	否
SAS_PAYABLE_STATE	应缴-中央	NUMBER（18, 2）	18	否
SAS_PAYABLE_LOCAL	应缴-地方总额	NUMBER（18, 2）	18	否
SAS_STATE_RECEIVE	征收-中央	NUMBER（18, 2）	18	否
SAS_LOCAL_RECEIVE	征收-地方总额	NUMBER（18, 2）	18	否
SAS_STATE_DERATE	减免-中央	NUMBER（18, 2）	18	否
SAS_LOCAL_DERATE	减免-地方总额	NUMBER（18, 2）	18	否
SAS_SYSREGTIME	缴纳登记时间	DATE	—	否
SAS_ISNEWPROJECT	是否新增项目	NUMBER（1）	1	否
SAS_BOOKUSER	登记人	VARCHAR2（50）	50	否
SAS_BOOKUNITID	登记单位 ID	VARCHAR2（50）	50	否
SAS_PAYMENTTYPE	缴纳方式	VARCHAR2（50）	50	否
SAS_EXPIREDATE	到期时间	DATE	—	否
SAS_PAYABLE_PROVINCE	应缴-省	NUMBER（18, 2）	18	否
SAS_PAYABLE_CITY	应缴-市	NUMBER（18, 2）	18	否
SAS_PAYABLE_COUNTY	应缴-县	NUMBER（18, 2）	18	否
SAS_PROVINCE_RECEIVE	征收-省	NUMBER（18, 2）	18	否
SAS_CITY_RECEIVE	征收-市	NUMBER（18, 2）	18	否
SAS_COUNTY_RECEIVE	征收-县	NUMBER（18, 2）	18	否

续表

字段名称	字段描述	数据类型	长度	主键
SAS_PROVINCE_DERATE	减免-省	NUMBER（18, 2）	18	否
SAS_CITY_DERATE	减免-市	NUMBER（18, 2）	18	否
SAS_COUNTY_DERATE	减免-县	NUMBER（18, 2）	18	否
SAS_JM_TYPE	减免类型	VARCHAR2（10）	10	否
……	……	……	……	……

表 3-15　海域使用金征收标准（SAS_TIT_USEGOLDSTANDARD）

字段名称	字段描述	数据类型	长度	主键
STA_ID	征收标准 ID	VARCHAR2（40）	40	是
STA_NODEID	行政区域 ID	CHAR（6）	6	否
STA_STANDARDACCORD	征收标准依据	VARCHAR2（200）	200	否
STA_STANDARDCONTENT	征收标准内容	NCLOB	—	否
STA_BOOKER	登记人	VARCHAR2（50）	50	否
STA_BOOKDATE	登记时间	DATE	—	否

（5）海域使用统计

海域使用统计报表见表 3-16。

表 3-16　海域使用统计报表（HY_TONGJIREPORT）

字段名称	字段描述	数据类型	长度	主键
RT_GUID	统计报表 GUID	VARCHAR2（40）	40	是
RT_TYPE	统计报表类型	VARCHAR2（100）	100	否
RT_YEAR	年份	VARCHAR2（10）	10	否
RT_QUARTER	季度	VARCHAR2（10）	10	否
RT_QHID	行政区划	VARCHAR2（10）	10	否
RT_UNITTYPE	数据单位类型	VARCHAR2（10）	10	否
RT_BOOKUNIT	填报单位	VARCHAR2（50）	50	否
RT_UNITPRINCIPAL	单位负责人	VARCHAR2（50）	50	否
RT_STATPRINCIPAL	统计负责人	VARCHAR2（50）	50	否
RT_BOOKUSER	填表人	VARCHAR2（50）	50	否
RT_BOOKDATE	填报日期	DATE	—	否
RT_CONTENT	统计内容	NCLOB	—	否

续表

字段名称	字段描述	数据类型	长度	主键
RT_ISSYNC	是否上报	NUMBER（1）	1	否
RT_STARTDATE	起始时间	DATE	50	否
RT_ENDDATE	结束时间	DATE	50	否

（6）海底电缆管道

海底电缆管道注册表见表 3-17。

表 3-17　海底电缆管道注册表（SAS_CABLEPIPELINEREGISTER）

字段名称	字段描述	数据类型	长度	主键
SAS_CPID	ID	VARCHAR2（40）	40	是
SAS_REGISTERSORT	注册类别	VARCHAR2（20）	20	否
SAS_SEADISTRICT	注册海区	VARCHAR2（10）	10	否
SAS_REGISTERNMU	注册表号	VARCHAR2（20）	20	否
SAS_CABLEPIPELINENAME	电缆管道字段描述	NVARCHAR2（50）	50	否
SAS_REGISTERUNIT	注册机关	NVARCHAR2（100）	100	否
SAS_REGISTERDATE	注册日期	DATE	—	否
SAS_OWNER	所有者	NVARCHAR2（100）	100	否
SAS_ONATIONALITY	所有者国籍	NVARCHAR2（20）	20	否
SAS_OADDRESS	所有者地址	NVARCHAR2（100）	100	否
SAS_OCORPORATION	所有者法人代表	VARCHAR2（50）	50	否
SAS_OTOUCHTEL	所有者联系电话	VARCHAR2（30）	30	否
SAS_OFAX	所有者传真	VARCHAR2（20）	20	否
SAS_PURPOSE	用途	VARCHAR2（50）	50	否
SAS_LENGTH	总长度	NUMBER（12, 4）	12	否
SAS_OUTSIDEDIAMETER	外径	VARCHAR2（50）	50	否
SAS_INSIDEDIAMETER	内径	VARCHAR2（50）	50	否
SAS_CABLEMODALITY	电缆程式	NVARCHAR2（100）	100	否
SAS_CAPABILITYGRADE	通信容量或电压等级	NVARCHAR2（50）	50	否
SAS_PIPELINEMATERIAL	管道材质	NVARCHAR2（100）	100	否
SAS_MEDIUMDRANG	输送介质	NVARCHAR2（50）	50	否
SAS_USEDATE	投用时间	DATE	—	否
SAS_USETERM	设计寿命	NVARCHAR2（20）	20	否

续表

字段名称	字段描述	数据类型	长度	主键
SAS_PZUNIT_NUM	路由批准机关和批文号	NVARCHAR2（100）	100	否
SAS_PAVEPERMIT	铺设施工许可证号	NVARCHAR2（100）	100	否
SAS_QHID	项目位置	VARCHAR2（2000）	2000	否
SAS_POSTALCODE	所有者邮编	VARCHAR2（6）	6	否
SAS_FSDLENGTH	铺设段长度	NUMBER（12, 4）	12	否
SAS_MSDDEPT	埋设段埋深	NUMBER（12, 4）	12	否
SAS_MSDLENGTH	埋设段长度	NUMBER（12, 4）	12	否
SAS_TRANSPORTDRANG	输送压力（巴）*	NVARCHAR2（100）	100	否
SAS_SEAAREA	海区	NVARCHAR2（20）	20	否

* 1 巴 = 10^5 帕

3.2.4.2　监视监测

监测任务信息见表 3-18，监视监测任务流程表见表 3-19，重点项目监测记录表见表 3-20。

表 3-18　监测任务信息（STA_TIT_TASKINFO）

字段名称	字段描述	数据类型	长度	主键
TSK_GUID	任务 GUID	VARCHAR2（50）	50	是
TSK_NAME	任务字段描述	VARCHAR2（100）	100	否
TSK_REQUIRE	监测要求	NCLOB	—	否
TSK_ASSIGNTIME	下达时间	DATE	—	否
SAT_ID	对应项目	VARCHAR2（40）	40	否
TSK_JCLX	监测类型	VARCHAR2（20）	20	否
TSK_STATUS	任务状态	VARCHAR2（20）	20	否
TSK_EXEINFO	执行情况	NCLOB	—	否
TSK_CHECKRATE	监测频率	VARCHAR2（20）	20	否
TSK_XZQH	行政区划字段名称	VARCHAR2（6）	6	否

表 3-19　监视监测任务流程表（STA_TIT_TASKTAKETURNS）

字段名称	字段描述	数据类型	长度	主键
TSK_TURNID	流转 GUID	VARCHAR2（40）	40	是
TSK_GUID	任务 GUID	VARCHAR2（50）	50	否

续表

字段名称	字段描述	数据类型	长度	主键
TSK_ASSIGNUNITID	节点处理单位 ID	VARCHAR2（20）	20	否
TSK_ASSIGNUNIT	节点处理单位	VARCHAR2（50）	50	否
TSK_ASSIGNUSER	节点经办人	VARCHAR2（20）	20	否
TSK_BEGTIME	节点签收时间	DATE	—	否
TSK_ENDTIME	节点提交时间	DATE	—	否
TSK_STATUS	节点状态	VARCHAR2（20）	20	否
TSK_INDEX	节点序号	NUMBER（20）	20	否
TSK_PROCESSINGVIEWS	流转意见	NCLOB	—	否
TSK_TURNDIRECTION	流转方向	NUMBER（10）	10	否
TSK_ISBEBACK	回退	NUMBER（10）	10	否
TSK_BACKDESC	回退意见	NCLOB	—	否

表 3-20　重点项目监测记录表（STA_TIT_IMPORTPROJECT）

字段名称	字段描述	数据类型	长度	主键
STA_GUID	监测记录 GUID	VARCHAR2（50）	50	是
TSK_GUID	任务 GUID	VARCHAR2（50）	50	否
SAT_ID	监测项目 ID	VARCHAR2（50）	50	否
STA_PROJECTNAME	项目字段描述	VARCHAR2（100）	100	否
IMP_ISEXEC	是否已经动工	NUMBER（1）	1	否
IMP_EXECMETHOD	施工方式	VARCHAR2（50）	50	否
IMP_EXECINFO	施工进展情况	NCLOB	—	否
IMP_ADJOINAFFECT	对毗邻用海的影响	NCLOB	—	否
IMP_SIGNIFICANTPOLLUTION	显著污染情况	NCLOB	—	否
IMP_NEARAREASTATUS	周边用海情况	NCLOB	—	否
STA_DATE	监测日期	DATE	—	否
STA_PERSON	监测人员	VARCHAR2（200）	200	否
STA_UNIT	监测单位	VARCHAR2（50）	50	否
STA_UNITID	监测单位 ID	VARCHAR2（10）	10	否
IMP_AREASTATUS	用海区域现状	NCLOB	—	否
IMP_TYPE	监测类型	VARCHAR2（50）	50	否
STA_JCRESULT	监测结论	VARCHAR2（200）	200	否

3.3 网络架构

国家海域动态监视监测管理系统业务软件平台运行在海洋专网中，国家级系统部署在国家海洋环境监测中心（国家监管中心）的云服务平台上，省级系统部署在各省服务器上，通过数据同步服务实时完成国家级节点与省级节点的数据交换，并通过异地灾备系统实时将数据库与相关资料备份到国家海洋信息中心（国家同步数据中心）；国家海洋信息中心是主干网的汇聚点，国家级节点采用 1 台应用服务器、1 台数据库服务器、1 台地图发布服务器及基础影像底图云服务平台；省级节点采用 1 台应用服务器、1 台数据库服务器和 1 台地图发布服务器。

网络通信方式由 MSTP 专线、无线 VPDN 网络接入、VSAT 卫星通信、AP-WLAN 无线通信、无线 4G TD-LTE 组网通信、无线 4G TD-LTE 通信系统组成。网络线路带宽设定：国家主干 50 兆比特/秒线路；省为 10 兆比特/秒线路；市为 6～8 兆比特/秒线路；县为 4 兆比特/秒线路；VPDN 专线为 30 兆比特/秒，卫星专线为 10 兆比特/秒。

3.4 安全架构

网络安全紧紧围绕海域综合管理的实际需求，按照等级保护三级要求进行建设。业务软件平台用户类型较多，用户来源广泛，管理制度的缺陷和人为失误等，都可能对网络安全构成潜在的威胁。为保障系统的运行秩序与数据安全，业务软件平台安全性设计主要从技术要求和管理要求两方面进行，这是网络安全不可分割的两个部分。

3.4.1 技术要求

技术要求主要针对物理安全、网络安全、主机安全、应用安全和数据安全方面。物理安全方面，机房场地选择应避免高层或地下室，建立访问控制机制，建设防盗窃、防破坏、防雷击、防火、防水、防潮、防静电等设施。网络安全方面，网络结果应有冗余空间，访问控制策略完备，具有安全审计、边界完整性检查、入侵防范、恶意代码防范、网络设备防护等能力。主机安全方面，应具有身份鉴别措施，应有访问控制策略，具备安全审计、剩余信息保护、入侵防范、恶意代码防范、资源访问控制的能力。应用安全方面，应具有身份鉴别功能及访问控制功能，具备安全审计、通信完整性、保密性、抗抵赖、软件容错和资源控制能力。数据安全方面，应建立数据备份机制，能够进行数据完整性、保密性检测。

3.4.2 管理要求

管理要求主要针对安全管理制度、人员安全管理、系统建设管理和系统运维管理方面。安全管理制度方面，应建立全面的管理制度体系，定期评审、修订和发布，建立安全管理机构，设置岗位、人员，有明确的授权和审批流程，建立沟通联络合作机制。人员安全管理方面，应加强人员录用、离岗、考核、安全意识教育等的管理，对外部人员进行访问控制管理。系统建设管理方面，应开展系统定级论证，及时备案，定期测评，按照相关规定选择安全服务商；设计安全方案，应明确产品采购和使用管理流程，对软件开发的全生命周期进行有效管理。系统运维管理方面，应建立环境管理、资产管理、介质管理、设备管理等制度规范，确保监控管理、网络安全管理、系统安全管理、恶意代码防范管理、密码管理等制度完备、记录明晰，建立并定期开展应急预案管理。

3.5 关键技术

3.5.1 统一鉴权认证技术

3.5.1.1 通过单点登录实现各子系统之间的互联互通

鉴于业务软件平台的子系统由不同的业务部门承担建设，各子系统建设也由几个不同的开发商承担，而各级管理部门经常需要在不同的子系统之间进行数据的浏览和统计分析甚至进行数据的统一展示和决策分析，因此需要统一系统的用户体系和单位体系，建立统一的单点登录系统，每个用户只需要一个用户名和密码即可在不同的子系统之间进行切换，而无须记忆多个登录用户名和密码，避免重复登录。如图 3-5 所示，整体业务软件平台部署在海域专网上，大部分的用户可以直接通过专网进行登录访问，极少部分用户在出差途中需要通过专网拨号器进行访问。登录成功后，业务软件平台自动识别用户能够使用的子系统，统一门户界面如图 3-6 所示，根据其功能需要进行进一步配置，其配置权限由该子系统自行控制。

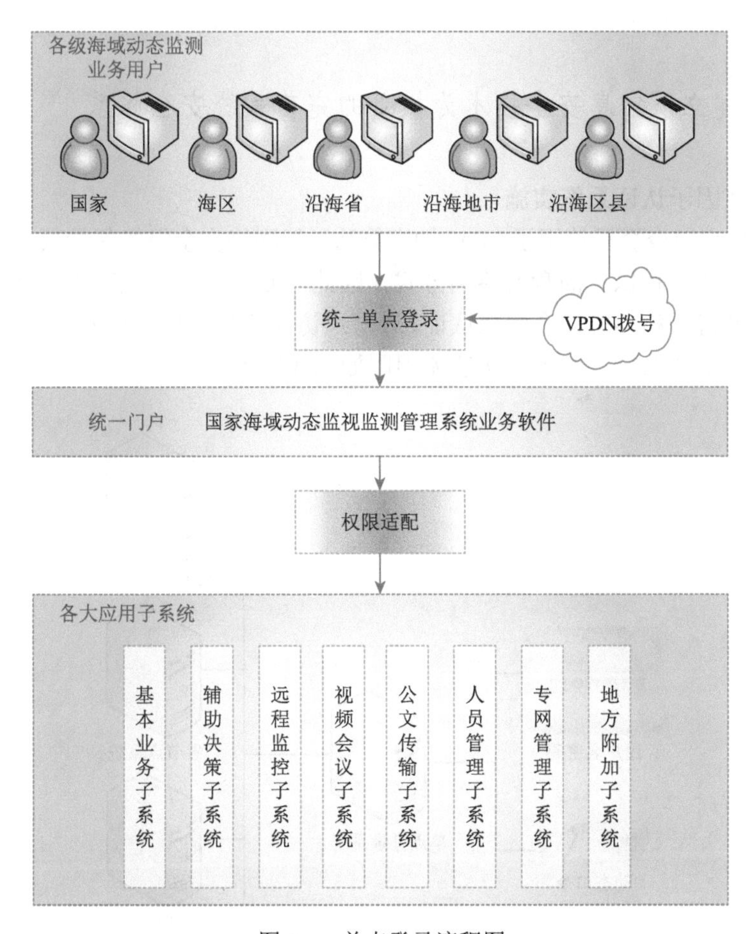

图 3-5　单点登录流程图

图 3-6　统一门户界面示意图

3.5.1.2 建立以信息安全技术为核心的完善系统安全体系

（1）双因子认证系统实施

虽然用户口令登录使用了 MD5 加密算法，但网络安全等级保护要求三级系统要采用两种或两种以上的身份鉴别方式，因此，必须建立实施双因子认证技术，结合用户名密码和动态口令两次认证，对用户访问业务软件平台安全性加以强化，极大地加强安全保障，双因子认证流程图如图 3-7 所示。

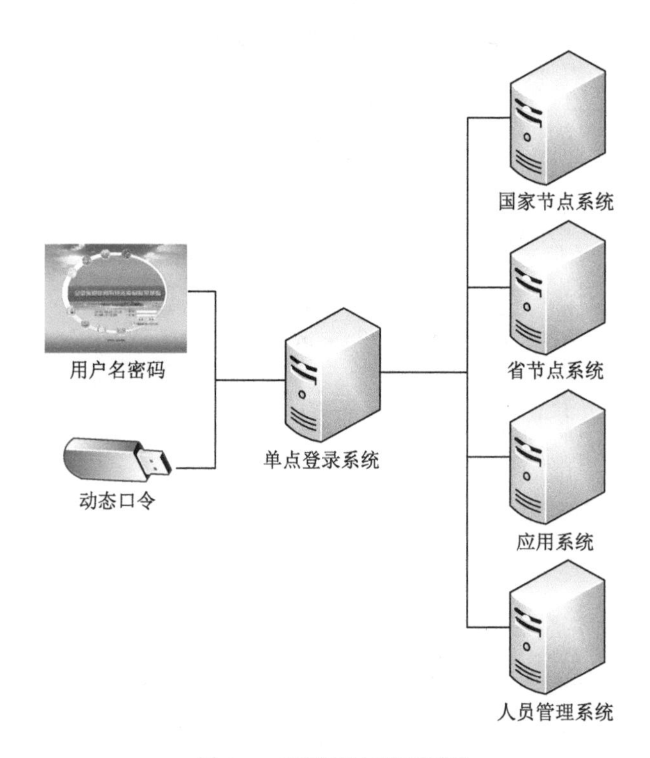

图 3-7 双因子认证流程图

（2）数据库审计系统实施

数据库审计监管系统可实现对数据库活动或状态进行取证检查，审计结果可以准确地反馈数据库的各种变化，为分析数据库的各类正常、异常、违规操作提供证据，从而达到有效监管数据库访问、操作行为，准确掌握数据库运行状态，及时发现违反数据库安全策略的操作事件并实时告警、记录，便于安全事件的定位分析和事后追查取证，有效加强了数据库的安全管理。数据库审计系统部署图如图 3-8 所示。

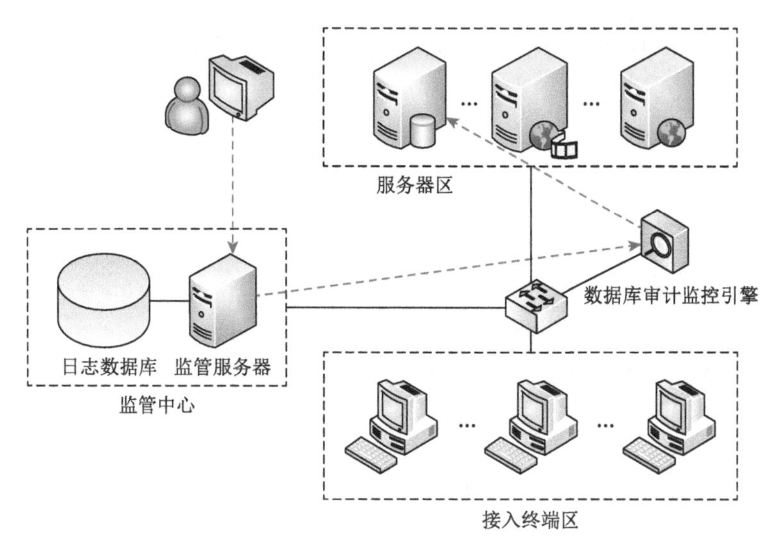

图 3-8　数据库审计系统部署图

数据库审计系统主要包括以下功能。

1）数据库日志审计监管。可远程登录数据库服务器，读取数据库日志信息，并对日志信息进行分类汇总，同时还可读取数据库中的标志变量，如内存情况、分页情况、重要参数设置等信息，并可根据这些值的变化进行预警。

2）数据库操作审计监管。采用旁路抓包技术对流经数据库服务器的数据包进行分析，通过对数据库协议（如 TNS、TDS 等）的还原，达到分析、记录操作行为的目的，同时还可以审计数据库的登录、退出、使用情况，并记录其操作过程。

3）登录超时机制。很多用户为避免麻烦，经常登录后离开很久也不主动退出登录，这种情况很容易出现安全问题。因此系统设计了登录超时机制，一旦在设定的时间内用户没有和系统进行交互，系统自动将该用户退出系统。

4）定期强制修改密码。系统用户长期使用单一密码极大地减弱了系统的安全性，同时为了满足安全检查的要求，系统应具有强制用户定期修改密码的功能，从而提高系统的安全性。

3.5.2　组件式开发技术

为保证业务软件平台的可扩展性，研发过程中将现有业务的紧耦合式工作模式，转换为信息化中的组件式构架，研发一个全面符合 SOA（面向服务的架构）体系标准的信息系统，并将已有业务应用组件化，使其服务功能化、功能模块化、模块松散化，最终实现服务的便捷可重组。具体的业务都被抽象成若干“业务组件”，这些业务组件之间通过“内部服务总线”进行集成，各业务组件之间松散耦合，确保维护、升级不会相互影响，从而提高业务系统的可维护性，如图 3-9 所示。

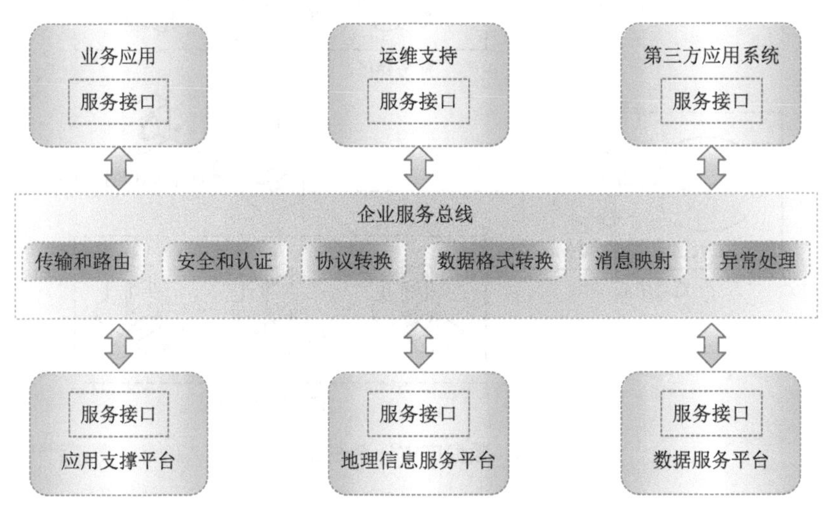

图 3-9　组件式开发技术架构图

3.5.3　工作流引擎技术

业务软件平台的业务需求对流程的管理和定制提出了较高要求。方便地定制和管理业务流程，这是“流程化”服务的关键。因此采用基于面向对象的工作流引擎技术，将工作流的管理独立于具体业务，以标准接口为业务提供工作流服务，使得松耦合研发模式贯穿于各个业务之中。系统工作流引擎技术架构如图 3-10 所示。

图 3-10　系统工作流引擎技术架构

3.5.4　差异化数据同步技术

业务软件平台创立了差异化数据同步技术，技术框架如图 3-11 所示，实现各节点数据的新增、编辑、删除等操作的同步服务，研发了可重用的同步服务组件，建立同步队列，对同步数据首先进行数据拆解、组装，然后根据数据权限控制同步目标，进入同步队列。下级节点的数据异动会实时传输到上级节点数据库，而上级节点的数据异动会根据数据权限差异化拆解同步到下级节点数据库中，全方位地保障多级系统的数据完整性、功能稳定性和业务连续性，降低了网络依赖性。

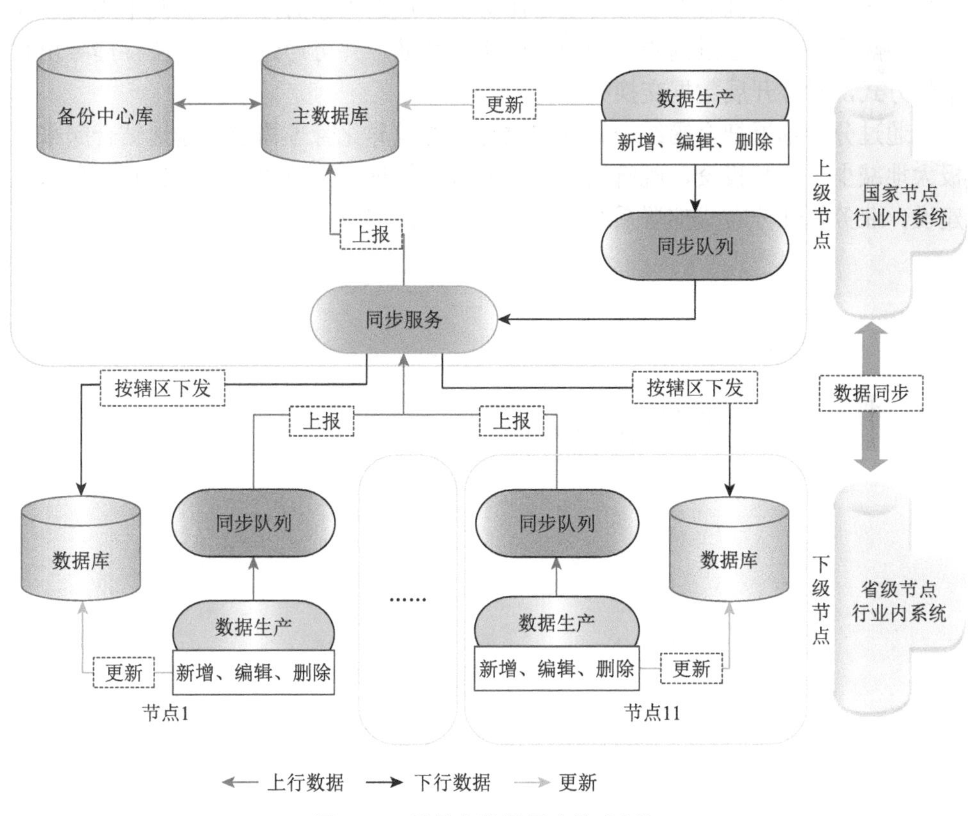

图 3-11　差异化数据同步技术框架

3.5.5　智能部署更新

3.5.5.1　采用分布式与集中式相结合的模式进行系统部署

业务软件平台主体运行在专网中，统筹考虑带宽和网络稳定性问题，并且为提高业务软件平台使用效率，综合考量，采用了分布式与集中式相结合的总体部署结构。业务软件平台及数据库采用分布式方式部署在国家级节点及 11 个沿海省级节点，国家级节点系统为汇聚，同时兼顾管理各省级节点业务软件平台，各省级节点可独立于国家级节点开展在线业务数据增删改查，数据变化通过差异化同步机制聚到国家级节点。分布式与集中式相结合的部署方式既解决了国家级节点访问压力和效率问题，又解决了因带宽限制或网络终端而导致的业务软件平台服务中断的问题。

业务软件平台分成两级部署，主要包括国家级系统和省级系统，国家级节点主要部署在国家海洋环境监测中心（主服务），省级节点则在沿海 11 个省份部署；信息发布平台统一部署在互联网上，服务器存放在国家海洋环境监测中心。国家级与省级系统之间通过同步完成数据的实时互通，并可通过磁盘介质存储导出数据的方式，对外开展数据交换共享。

通过分级部署把全国统一管理需求与地方差异化管理需求无缝地结合起来，极大地减少了重复投资，既解决了国家的统一管理，又兼顾了地方自有特色系统建设。业务软件分布式部署系统间关系如图 3-12 所示。

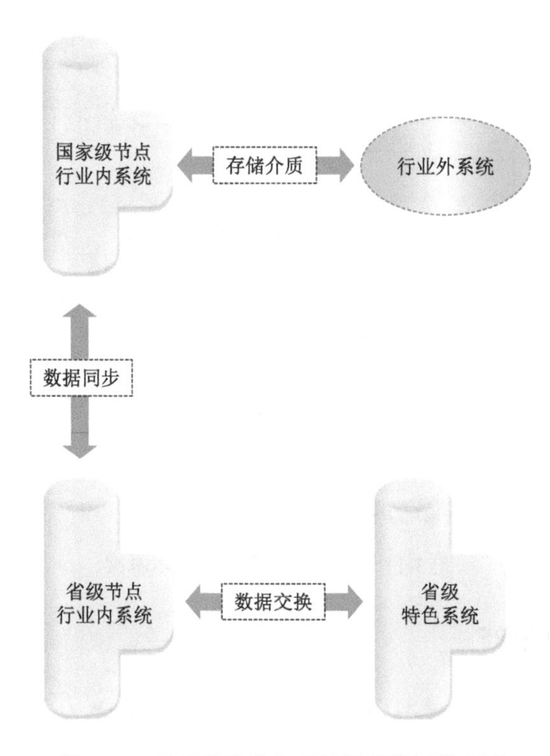

图 3-12　业务软件分布式部署系统间关系图

3.5.5.2　通过自动更新来降低各级节点应用的维护难度

业务软件平台建设主体采用 B/S 模式，部分数据编辑应用软件采用 C/S 模式，且分布式部署在国家级节点及 11 个省级节点。业务软件平台上线使用后，应用模式不断地调整及应用范围不断地扩展，导致系统的更新频率较为频繁，因分布式部署涉及众多的节点服务器，上下级节点的配置参数也不完全相同，因此业务软件平台维护工作量巨大，而且细节工作的疏忽容易导致更新出现 bug（漏洞），从而带来业务软件平台的不稳定性。因此，自动更新技术应运而生，通过建立一套完整的业务软件平台自动更新机制来确保业务软件平台分布式部署的稳定性与易维护性。应用系统自动更新流程如图 3-13 所示。

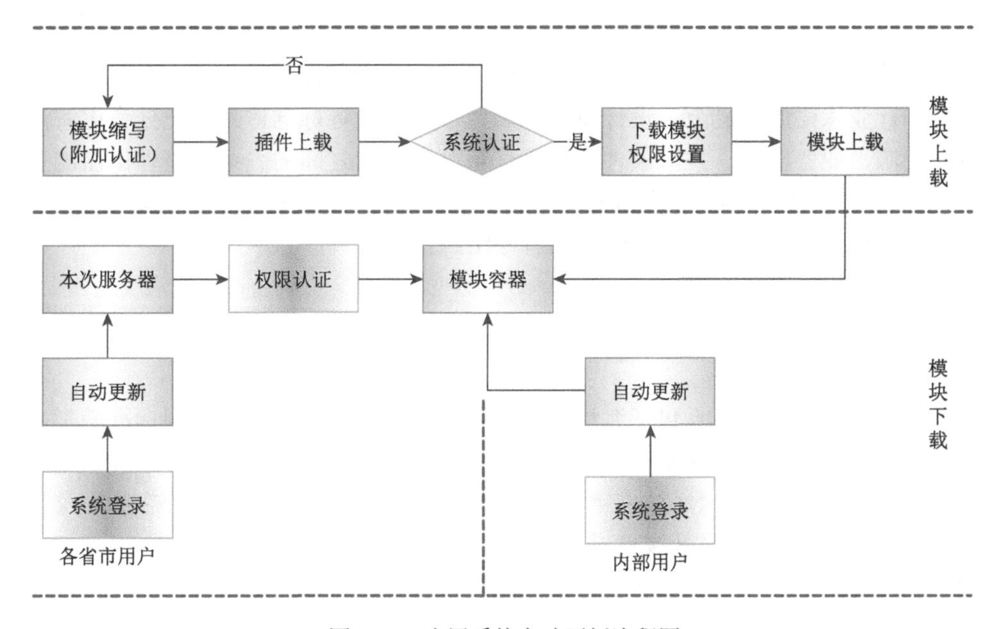

图 3-13　应用系统自动更新流程图

业务软件平台某个功能点编写后经过内外部测试，上传到国家级节点主服务器上，经过认证模块的认证，同时进行下载模块权限设置。更新的模块应用程序直接发布到更新池中，对于主应用 B/S 部分，系统将会自动推送到 11 个省级节点服务器，对于部署的 C/S 客户程序则在用户登录后进行自动更新，从而确保了应用系统的随时同步更新，极大地减少了运维工作人员的软件更新工作量，降低了工作难度。

第4章 研 发 内 容

业务软件平台研发内容主要包括标准规范体系设计、海域行政管理子系统、动态监视监测子系统、决策支持子系统、辅助运维支撑子系统、信息发布平台、信息安全管理等。因业务软件平台包含研发内容较多，本章仅对主要研发内容进行详细阐述。

4.1 标准规范体系设计

通过对海洋信息化发展特点及业务应用系统建设目标进行分析，在基础通用标准和行业术语的基础上，设计海域动态监视监测业务标准体系。充分考虑海洋数据资源、业务应用、技术条件和保障环境等各要素之间的关系，整理出监测业务、监测技术、监测数据、业务软件和软件平台管理五类的标准规范，如图4-1所示，基本保障了业务软件平台建设的有序组织。

4.1.1 监测业务类

监测业务类标准体系包括海域使用监测标准和海域空间资源监测标准两类。海域使用监测标准主要依据《中华人民共和国海域使用管理法》《关于加强围填海规划计划管理的通知》《海域使用权管理规定》《关于全面推进海域动态监视监测工作的意见》《关于加强区域建设用海管理工作的若干意见》《关于全面推进海域动态监视监测工作的意见》等法律法规和规范性文件要求，制定海洋功能区划动态监测技术规程、区域用海规划动态监测技术规程、海域使用疑点疑区监测工作规范、围填海动态监测技术规程及海域使用权属核查技术规程。海域空间资源监测标准主要依据业务发展需要，制定海域近岸空间资源（如海岸线、滩涂、海湾、河口）动态监测技术规程。

4.1.2 监测技术类

监测技术类标准规范主要依据动态监测手段，制定遥感监测、视频监控和现场测量三类技术标准。遥感监测技术标准包括海域卫星遥感动态监测技术规程、

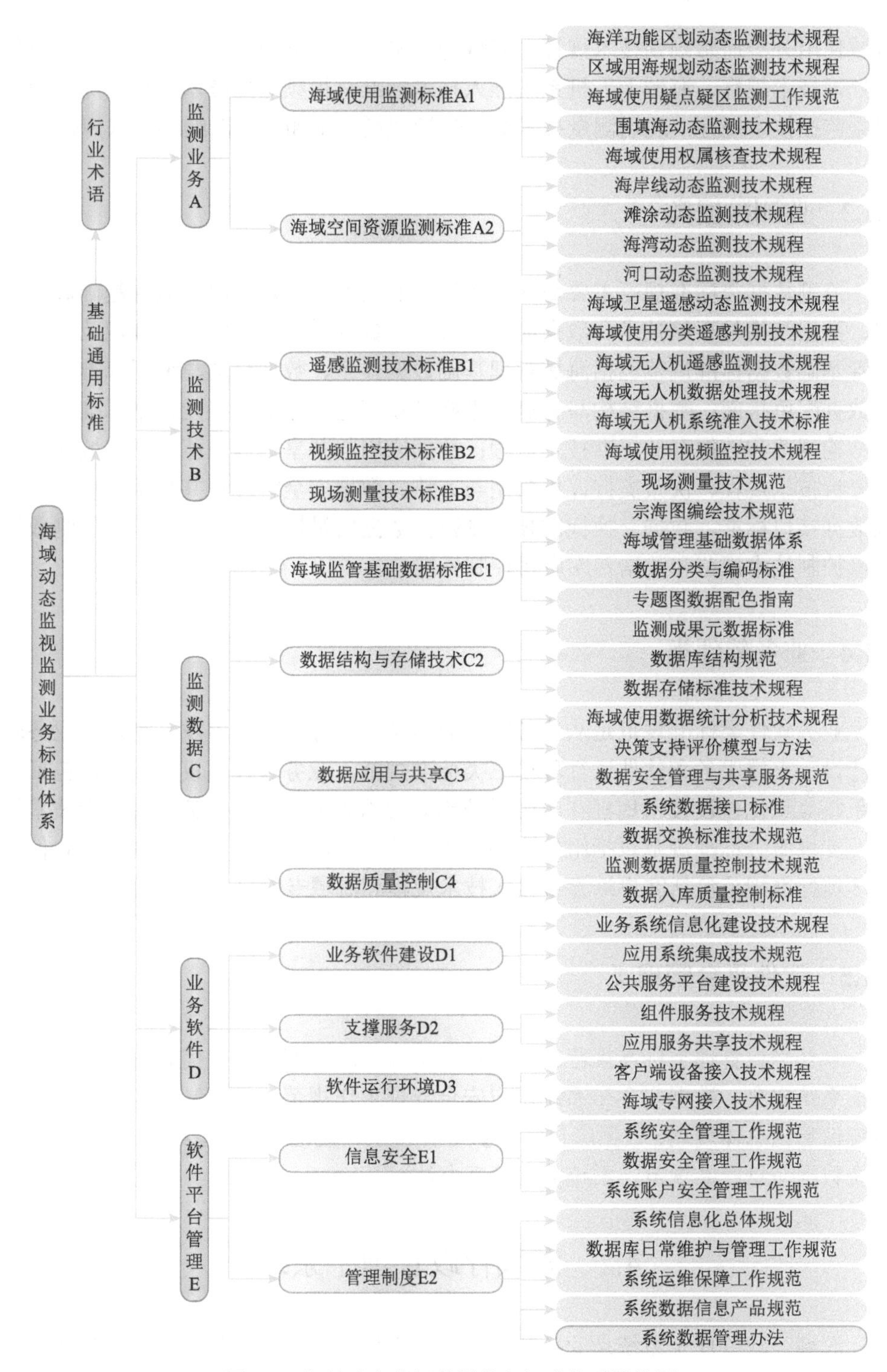

图 4-1 海域动态监视监测业务标准体系结构图

海域使用分类遥感判别技术规程、海域无人机遥感监测技术规程、海域无人机数据处理技术规程、海域无人机系统准入技术标准；视频监控技术标准为海域使用视频监控技术规程；现场测量技术标准包括现场测量和宗海图编绘技术规范。

4.1.3　监测数据类

监测数据类标准规范主要是从系统建设的角度，制定了海域监管基础数据标准、数据结构与存储技术、数据应用与共享、数据质量控制四类标准规范。海域监管基础数据标准规范包括海域管理基础数据体系、数据分类与编码标准和专题图数据配色指南；数据结构与存储技术标准规范包括监测成果元数据标准、数据库结构规范和数据存储标准技术规程；数据应用与共享标准规范包括海域使用统计分析技术规程、决策支持评价模型与方法、数据安全管理与共享服务规范、系统数据接口标准、数据交换标准技术规范；数据质量控制标准规范包括监测数据质量控制技术规范和数据入库质量控制标准。

4.1.4　业务软件类

业务软件类标准规范是从业务软件的建设和运行的角度出发，制定了业务软件建设、支撑服务和软件运行环境三类标准规范。业务软件建设标准规范包括业务系统信息化建设技术规程、应用系统集成技术规范和公共服务平台建设技术规程；支撑服务标准规范包括组件服务技术规程和应用服务共享技术规程；软件运行环境标准规范包括客户端设备接入技术规程和海域专网接入技术规程。

4.1.5　软件平台管理类

软件平台管理类标准规范包括信息安全和管理制度两类。信息安全标准规范包括系统安全、数据安全和系统账户安全管理工作规范；管理制度标准规范包括系统信息化总体规划、数据库日常维护与管理工作规范、系统运维保障工作规范、系统数据信息产品规范、系统数据管理办法。

4.2　海域行政管理子系统

海域行政管理子系统是业务软件平台子系统之一，主要为海域行政管理提供信息化支撑，用户主要为海域行政管理人员。根据海域行政管理内容和实际管理需求，对子系统进行规划、设计与实施，实现海域行政管理业务电子化、流程化和精细化的全过程管理。

4.2.1 子系统功能设计

海域行政管理子系统具体包括海洋功能区划、围填海计划、区域用海规划、海域权属管理、海域使用金管理、海域使用统计、海底电缆管道等功能模块，如图 4-2 所示。

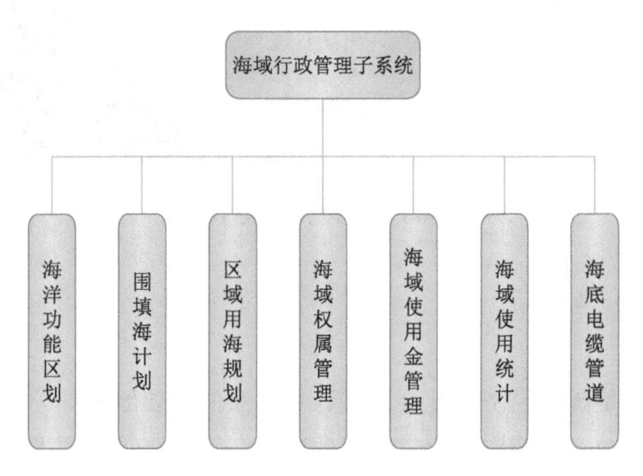

图 4-2 海域行政管理子系统功能结构图

4.2.1.1 海洋功能区划

海洋功能区划是根据海域区位、自然资源、环境条件和开发利用的要求，按照海洋功能标准，将海域划分为不同类型的功能区，其目的是为海域使用管理和海洋环境保护工作提供科学依据，为国民经济和社会发展提供用海保障。

为了合理使用海域，保护海洋环境，促进海洋经济的可持续发展，根据《海洋功能区划管理规定》和《海洋功能区划备案管理办法》等有关法律法规，子系统不仅实现了国家级、省级、市级海洋功能区划成果数据的整理入库、专题图显示，多版本海洋功能区划数据的对比及相关批复文件、区划文本、登记表、研究报告等审批过程文件的存储和查询，还能够进行文本查询和位置查询等。此外，子系统还可以可视化叠加用海权属数据、区域用海规划数据、遥感影像数据、标注数据等。海洋功能区划数据作为审批用海的重要依据，可用于子系统或其他业务应用系统的空间拓扑分析和调用等，如图 4-3 所示。

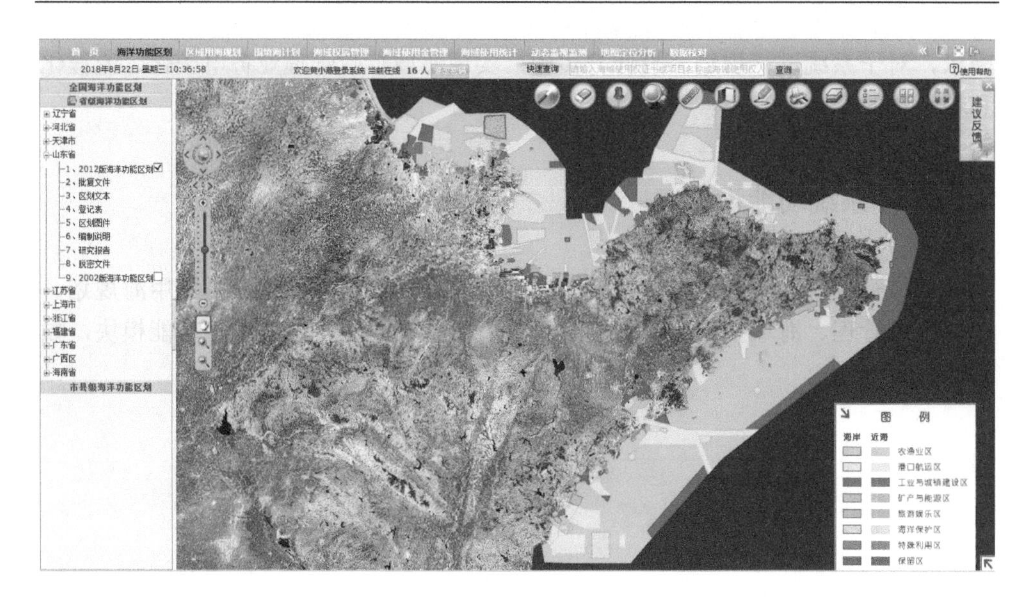

图 4-3　海洋功能区划界面

4.2.1.2　围填海计划

围填海计划是国民经济和社会发展计划体系的重要组成部分，是政府履行宏观调控、经济调节、公共服务职责的重要依据。实施围填海年度计划管理是切实增强围填海对国民经济保障能力、提高海域使用效率、确保落实海洋功能区划、拓展宏观调控手段的具体措施。

为了提高围填海计划的科学性、规范性，根据《围填海计划管理办法》等法律法规，系统实现围填海指标实时在线管理，具体包括全国指标下达、追加，各省指标安排、指标核减及指标使用情况的统计分析，并通过该功能严格控制各审批单位按计划审批用海。主要实现功能包括指标总览、指标安排、指标核减、业务提醒、信息审核、信息编辑、报表统计，如图 4-4 和图 4-5 所示。

为深入贯彻落实科学发展观，合理开发利用海域资源，整顿和规范围填海秩序，保障沿海地区经济社会的可持续发展，国家发展改革委与国家海洋局联合下发《国家发展改革委 国家海洋局 关于加强围填海规划计划管理的通知》的文件，明确提出“实行围填海年度计划台账管理”的管理要求。通过子系统的建设，逐步实现省市级围填海计划台账的逐级报送与统计等功能，实时掌握全国各级海域行政管理部门指标使用情况，便于指标的调节分配。围填海计划业务流程如图 4-6 所示。

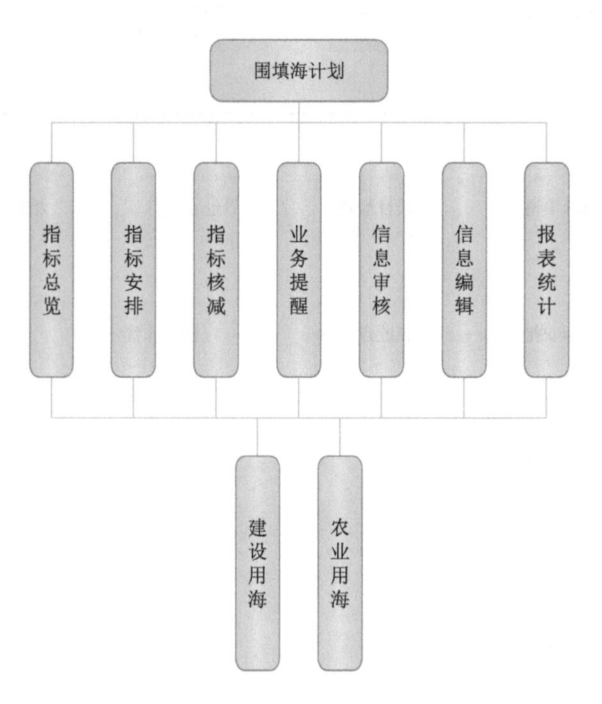

图 4-4 围填海计划功能结构图

图 4-5 围填海计划界面

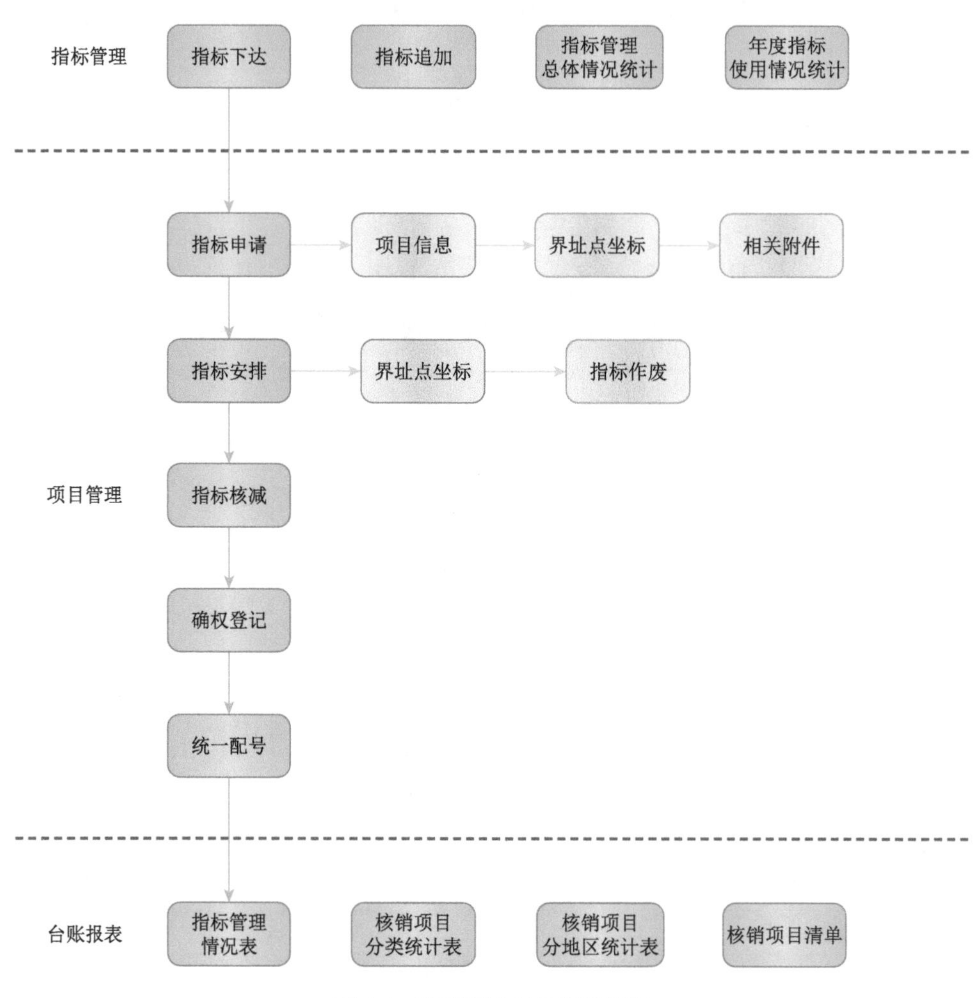

图 4-6　围填海计划业务流程图

指标下达和指标追加由国家级节点录入，采用从上到下的数据同步过程。指标申请、指标安排、指标核减采用的是地方省市级节点到国家级节点的数据同步过程，信息审核采用的是国家级节点到地方省市级节点的数据同步过程，整个同步过程对用户来说是完全透明的。各省市数据实时同步到国家级节点，台账报表的统计可以直接在国家级节点里面完成，地方节点通过子系统导出报表，打印盖章后报送国家即可，无须再导出数据进行上报，指标录入模块流程如图 4-7 所示。

4.2.1.3　区域用海规划

区域用海规划是地方人民政府为科学配置和有效利用海域资源，对一定时期

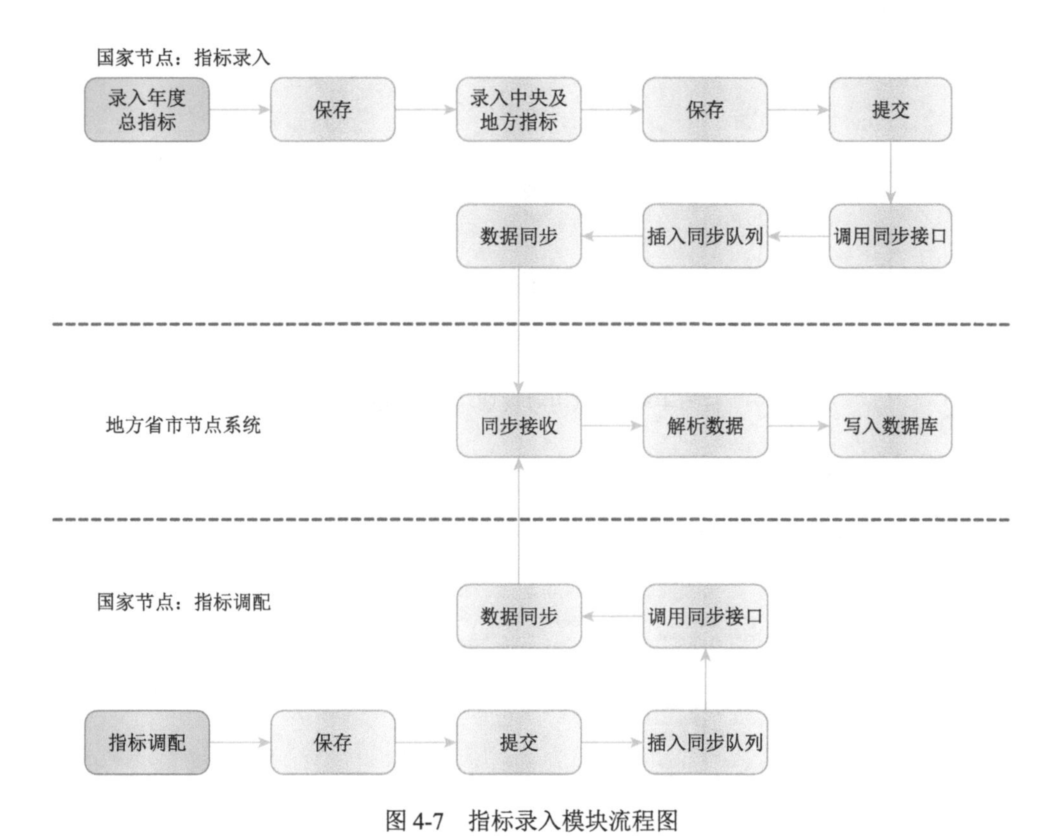

图 4-7 指标录入模块流程图

内需要集中连片开发的特定海域进行的用海总体布局和计划安排，主要用于发展临海工业、港口开发、滨海旅游和滨海城镇建设等。其中，区域建设用海是指在同一围填海形成的区域内建设多个项目的用海方式。

为了规范区域建设用海规划的编制与实施，促进海域资源集约节约利用，推进海洋生态文明建设，根据《区域建设用海规划管理办法（试行）》等法律法规文件，区域用海规划管理实现各地方政府从报告编制、上报、审批到建设的执法检查全过程的信息管理，具体过程包括规划审批资料入库管理、规划实施遥感监测管理及执法检查信息管理等。

规划审批资料入库管理包括对批准的规划坐标、信息，以及批复文件、规划报告、规划图件等信息的整理和录入；规划实施遥感监测管理实现了对遥感监测成果的录入和显示；执法检查信息管理实现对区域用海规划执法监测信息进行管理。区域用海规划主要包括全部用海规划、建设用海规划、农业用海规划、区域用海规划地图、统计图等功能，如图 4-8 和图 4-9 所示。

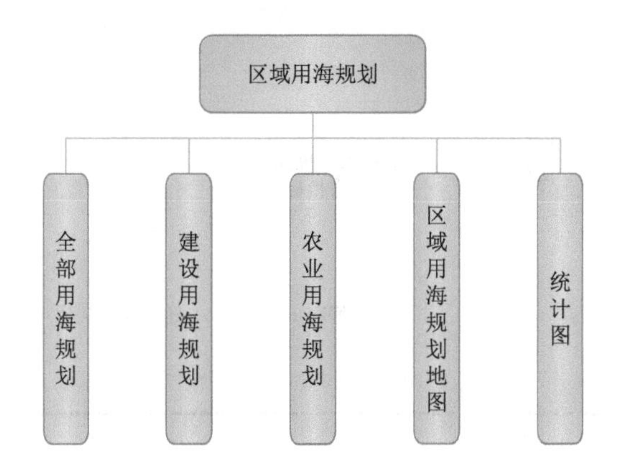

图 4-8　区域用海规划功能结构图

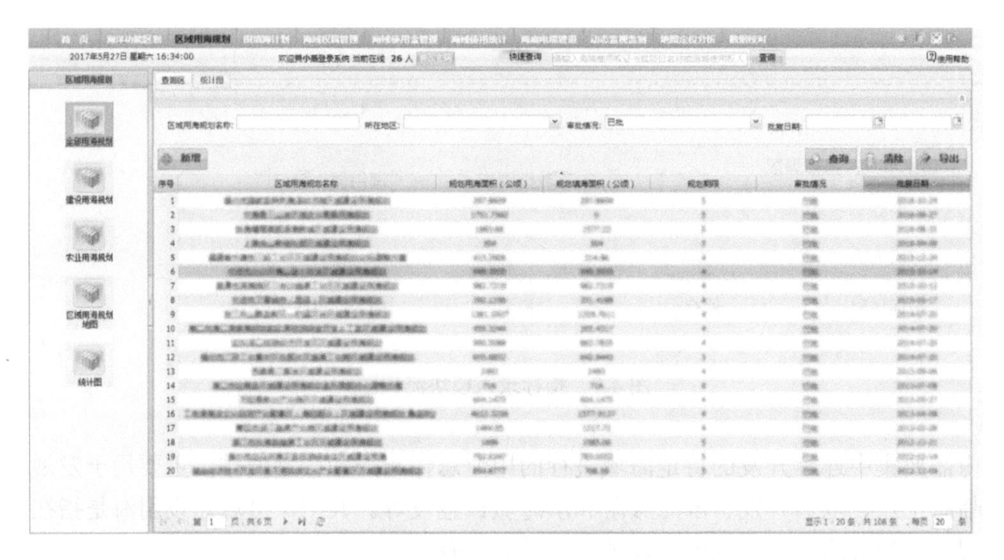

图 4-9　区域用海规划界面

4.2.1.4　海域权属管理

海域权属管理是实现项目用海的申请、审批、配号、权属登记等的管理。海域使用权登记是指依法对海域的权属、面积、用途、位置、使用期限等情况，以及海域使用权派生的其他权利所做的登记，包括海域使用权初始登记、变更登记和注销登记。

为了规范海域权属管理，维护海域使用秩序，保障海域使用权人的合法权益，根据相关法律法规文件，实施海域使用权证书全国统一配号（因不动产统一登记制度实施，依据《国家海洋局关于开展海域使用权管理统一配号有关事项的通知》

（国海管字〔2017〕81号）文件精神，2017年2月，海域使用权证书全国统一配号改为海域使用管理统一配号），各级海洋行政主管部门提交海域使用权登记数据后，将自动取得系统统一配发的海域使用权证书号码。海域使用管理统一配号可对配号数据进行实时跟踪统计和查询；实现海域使用权发生变更、续期、转让、继承、转移、更名更址重新申请审核，颁发新的海域使用权证。海域使用权登记管理完善权属登记模块功能，实现对原件扫描件的统一管理，包括项目用海批复、海域使用权出让合同、有关证明文件（转让协议、继承证明、调解书、更址更名证明、注销登记证明等），实现对各类权属登记信息的录入和查询统计的管理，如图4-10～图4-12所示。

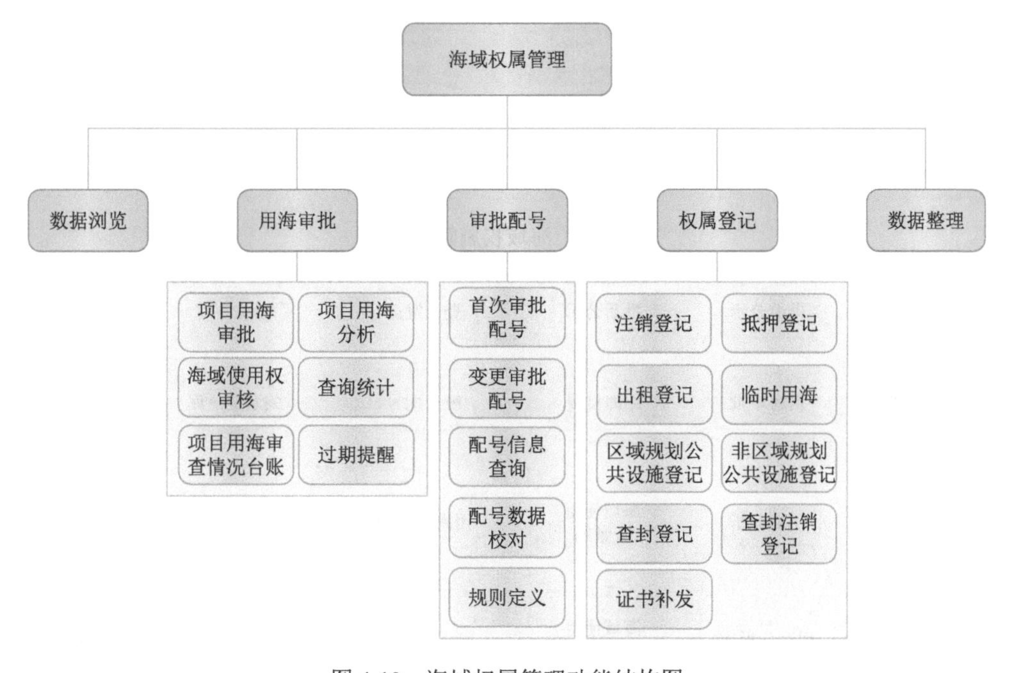

图4-10 海域权属管理功能结构图

海域使用权证书统一配号实现海域使用权证书的自动化配号，系统可以根据各省市海域管理的差异，定义配号审核规则，上级配号校验检查审核通过后方可配号，如图4-13所示。

海域使用权管理号各号位定义如下：

第1～4位为年号，采用公历年份。

第5位表示发证级别，A、B、C、D分别代表证书由国家级、省级、市级、县级海洋行政主管部门颁发。

第6～11位为行政区划代码，采用国家标准。第6、7位表示省（自治区、直辖市），第 8、9 位表示地级市（自治州及直辖市所属市辖区），第 10、11 位表示县（市辖区、县级市）。

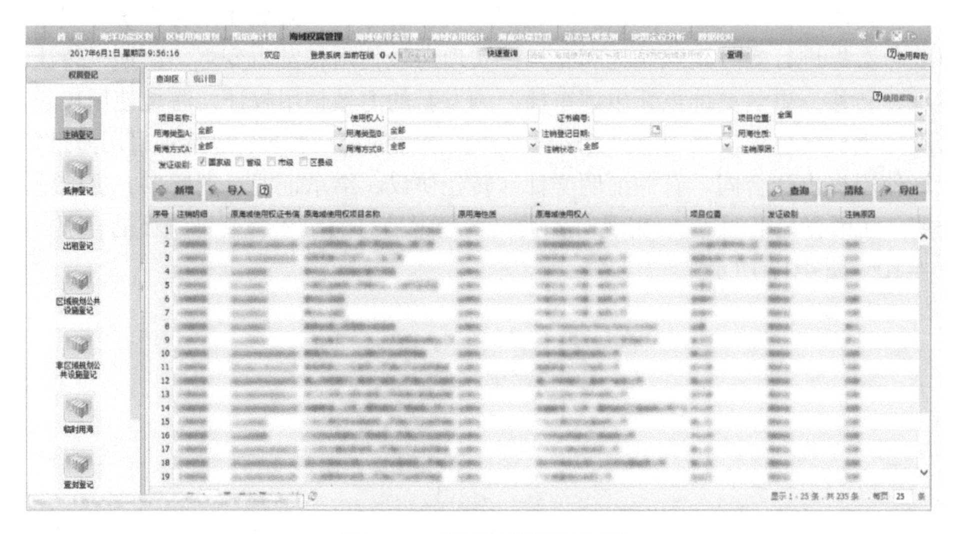

图 4-11　海域权属管理界面

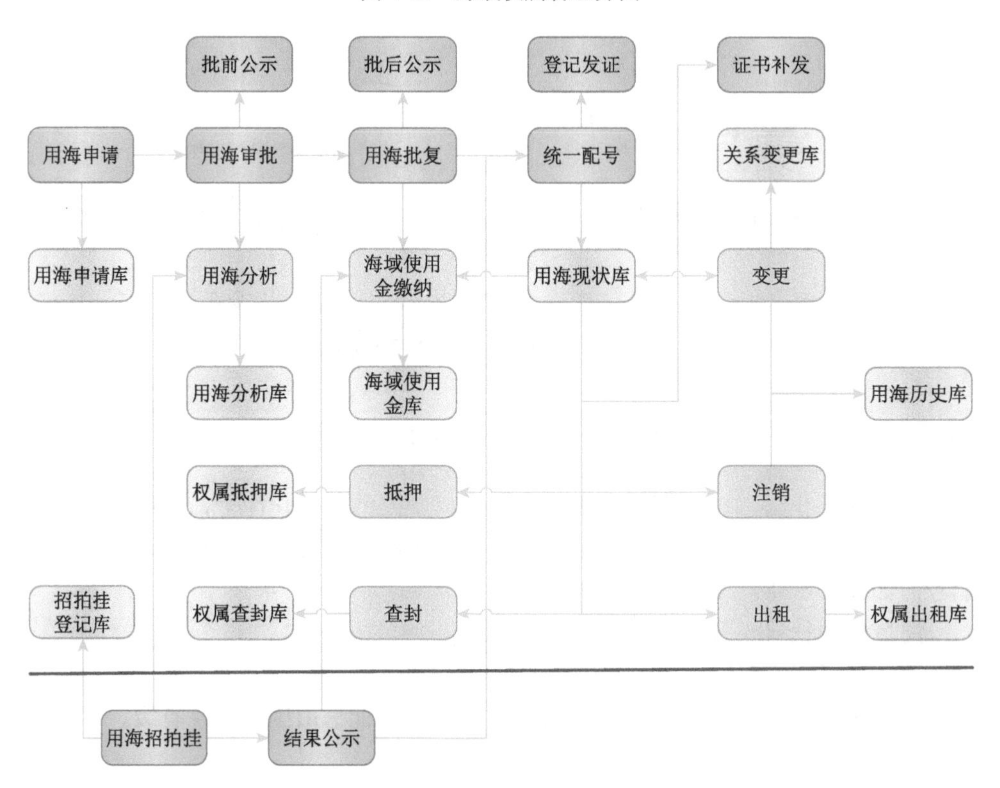

图 4-12　权属登记业务流程图

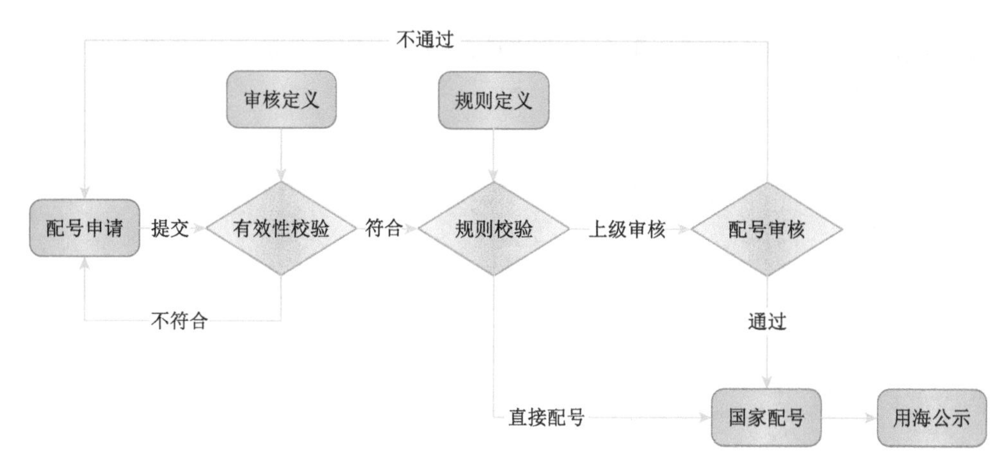

图4-13 审批配号流程图

第12～15位为顺序号，顺序号以年度为周期，每年启用新的序号，在各省范围内按申请时间顺序编号。

第16位为校验码，由数字或字母构成，系统随机生成，如图4-14所示。

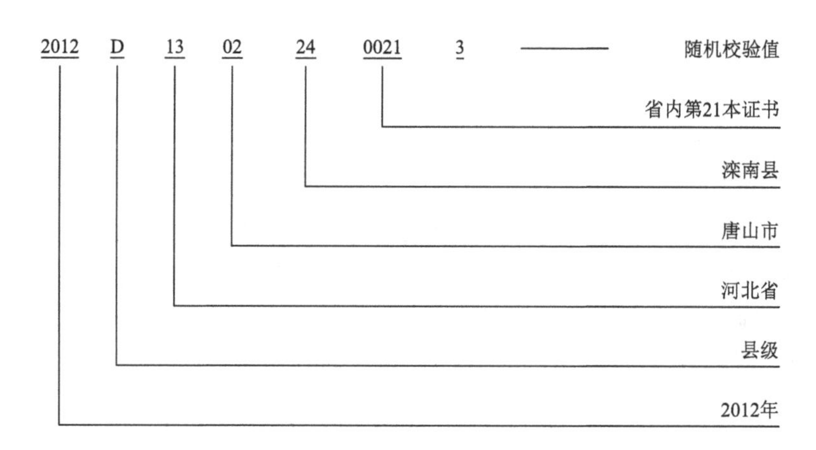

图4-14 配号编码示例

4.2.1.5 海域使用金管理

单位和个人使用海域，必须依法缴纳海域使用金。为了加强和规范海域使用金的使用管理，提高资金使用效益，促进海域的合理开发和可持续利用，根据《海域使用金使用管理暂行办法》《财政部 国家海洋局 关于加强海域使用金征收管理的通知》《海域使用金减免管理办法》等相关法律法规，实现已确权项目、临时用海项目、未确权项目海域使用金缴纳信息采集、缴纳提醒及查询统计功能，进一步细化海域使用金分成信息，增加多种条件进行查询统计功能，如图 4-15 所示。

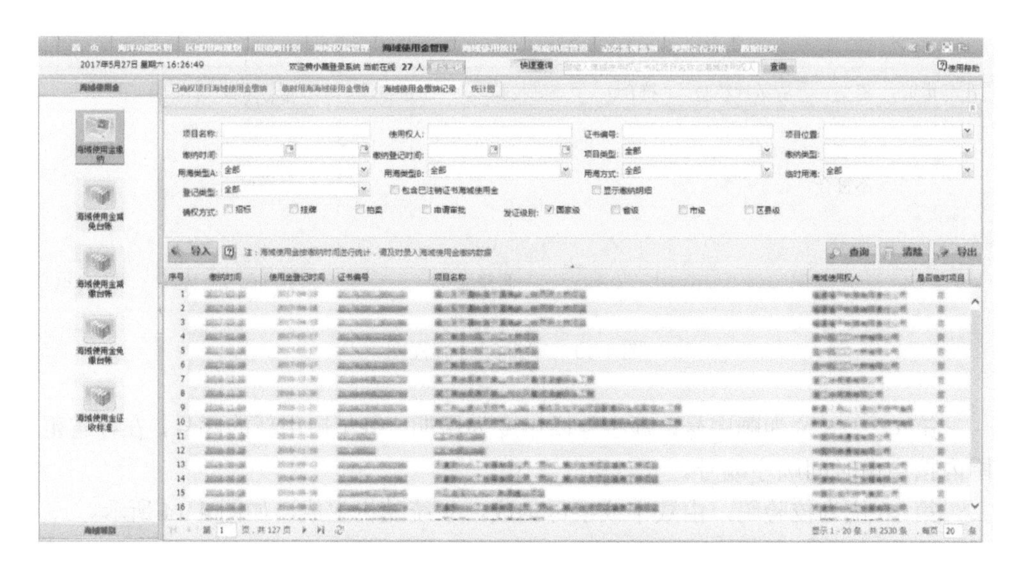

图 4-15　海域使用金管理界面

4.2.1.6　海域使用统计

海域使用统计属于专项统计，是各级海洋行政主管部门对反映海域使用权属管理、海域有偿使用等情况的资料进行收集、整理和分析研究的活动。

为了准确掌握全国海域使用现状及动态变化，分析、研究海域使用管理中存在的问题，发挥海域使用统计的决策参考和监督作用，根据《海域使用统计报表制度》和《海域使用统计管理暂行办法》等文件，实现对全国、各省市海域使用数据的 13 张报表统计：经营性用海项目确权情况、公益性用海项目确权情况、经营性项目使用权注销情况、公益性项目使用权注销情况、海域使用权招标拍卖情况、海域使用权变更情况、海域使用权抵押情况、临时用海管理情况、区域规划公共设施登记情况、原有项目海域使用金征收、新增项目海域使用金征收、海域使用金减免情况、海域有偿使用情况。子系统中实现了“数据库统计”与“上报报表汇总统计”两种统计方式，并可进行动态比较，确保省市数据的一致性与统计报表数据的准确性，还可对报送流程控制、报送权限控制及报表的导出和撤销等进行管理，如图 4-16 所示。

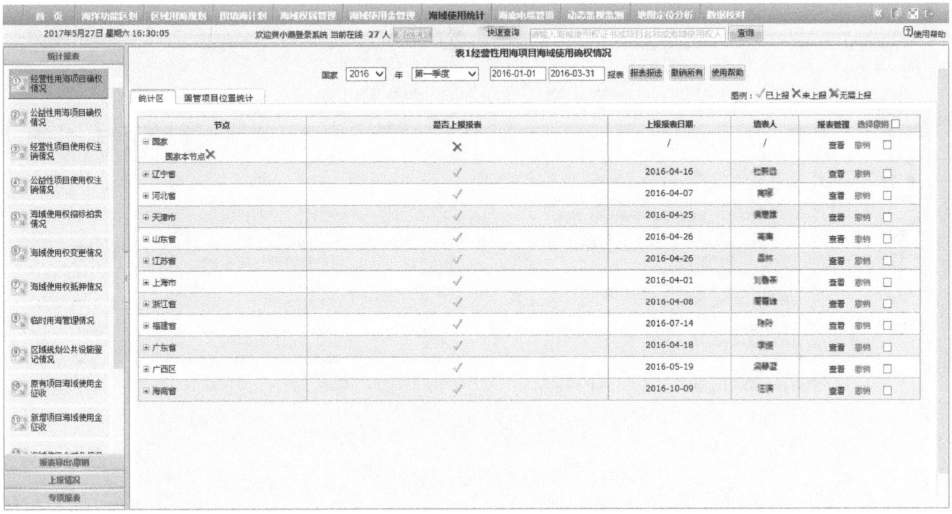

图 4-16 海域使用统计界面

4.2.1.7 海底电缆管道

海底电缆管道主要依据《铺设海底电缆管道管理规定》和有关法律法规进行功能设计，目的是实现海底电缆管道的可视化管理，保障海底电缆管道的安全使用，维护海底电缆管道所有者的合法权益，实现调查信息、施工信息及确权信息的资料采集，实现实时统计分析功能。海底电缆管道的主要功能包括路由调查、铺设施工、海底电缆管道注册和海底电缆整治排查，如图 4-17 和图 4-18 所示。

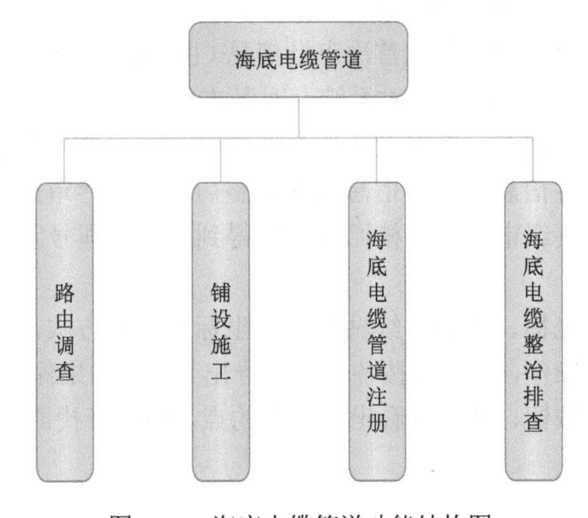

图 4-17 海底电缆管道功能结构图

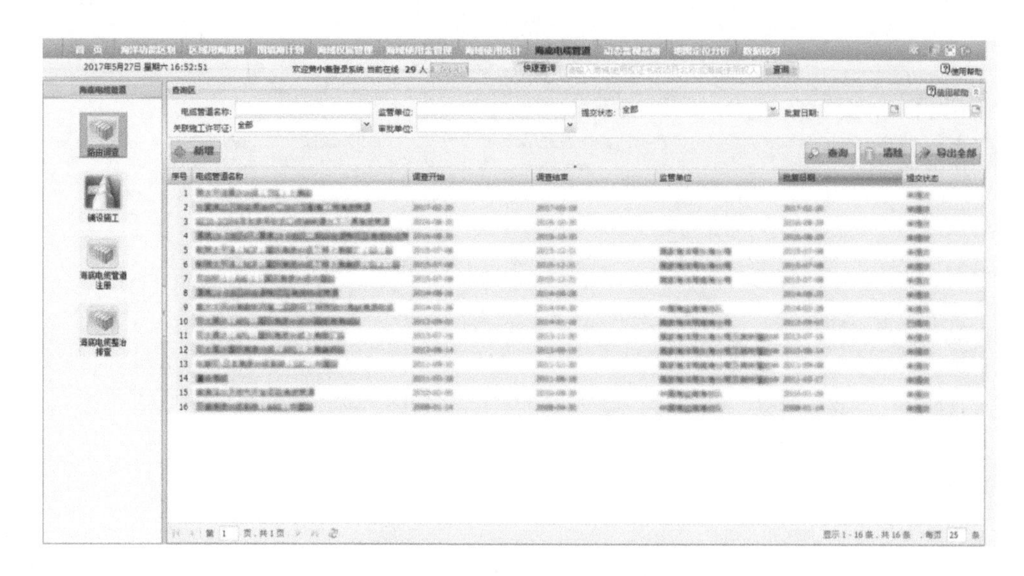

图 4-18　海底电缆管道界面

4.2.2　子系统应用实例与成效

4.2.2.1　应用实例

本小节以统一配号为例，说明子系统应用实效。审批配号模块是该子系统的核心内容之一，包括首次审批配号、变更审批配号、配号信息录入及人工校对等功能。审批配号流程如图 4-19 所示。

首次审批配号模块用于录入首次审批信息（图 4-20）。录入配号数据的基本信息，带*号的字段为必填项，保存时系统会对基本信息进行校验，校验没有问题后，才能进行保存操作。保存后继续录入用海方式信息、海域使用金信息、宗海图信息和上传原件扫描件信息。所有信息录入完整后，单击“审批统一配号”按钮，通过规则定义进行逐级审核，审核通过才能得到海域管理号。

（1）用海方式

提供手动输入坐标、粘贴、续粘和导入坐标这几种方式，将坐标录入系统，并对坐标进行各种操作，还可以按各种格式导出坐标。如果保存时提示坐标相交，单击“坐标分析”按钮，可以查看坐标相交的点，快速查找原因，提高工作效率，如图 4-21 所示。

（2）海域使用金

将缴纳信息录入系统，不同的用海方式的海域使用金额也不同，双击录入

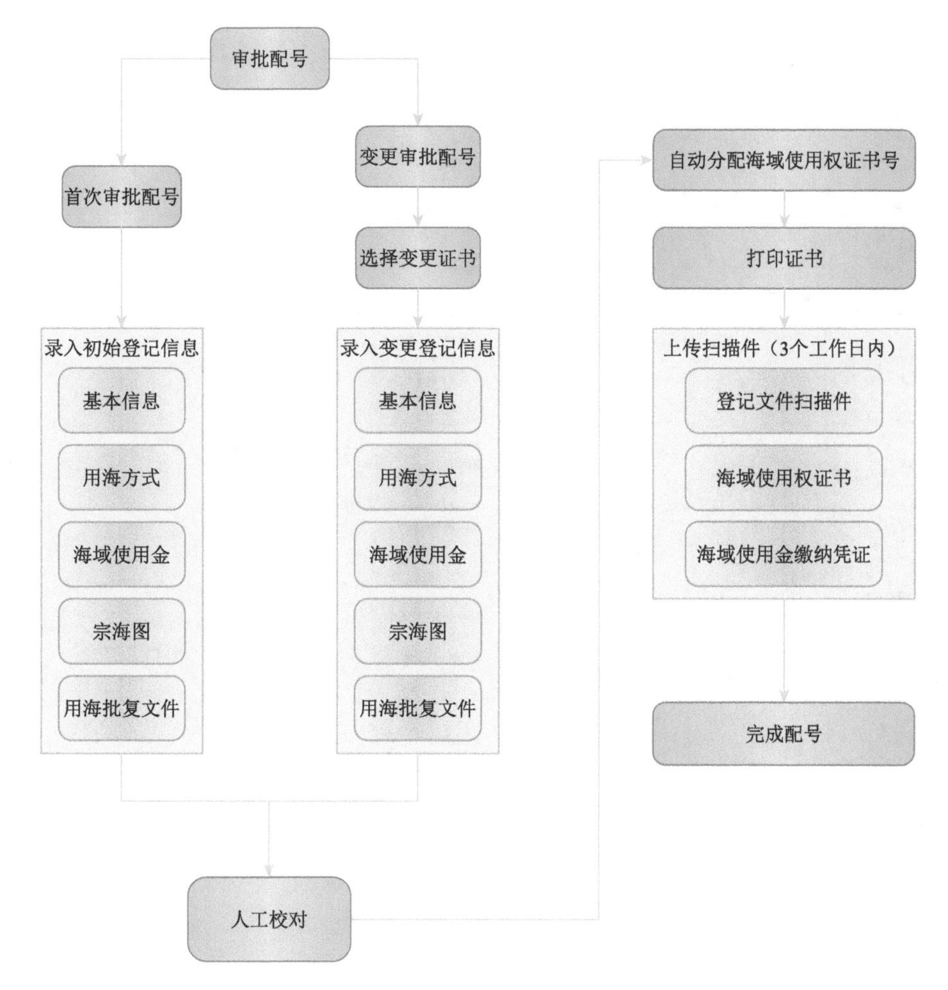

图4-19　审批配号流程图

金额文本框，弹出海域使用金分成界面，如图4-22所示，录入海域使用金应征总额，再分别录入国家、省、市、县比例，可自动计算各地的应征金额、征收金额，录入减免金额，并可以查询历年的缴纳明细信息。

（3）宗海图

将用海项目的界址图、位置图上传至系统中，用于存档查阅。

（4）原件扫描件上传

将用海项目的批复文件、海域使用权证书、登记文件、海域使用金缴纳凭证等文件扫描件传至系统中。

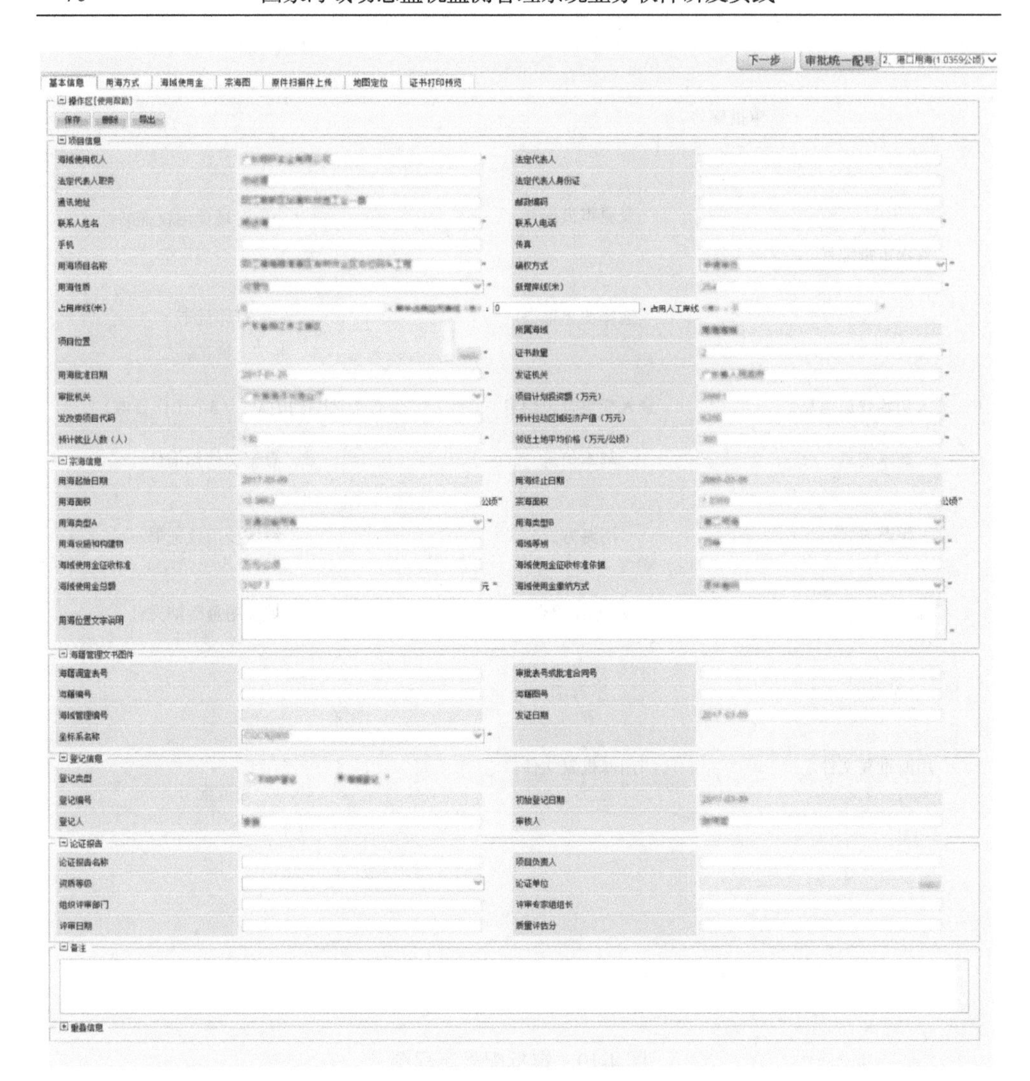

图 4-20　审批配号界面

（5）地图定位

将项目用海的位置在底图上进行显示，可方便查看项目所处海域、行政区域及其周边用海情况等信息，实现可视化的用海审批，同时可通过叠加长时间序列的影像图，查看项目用海区域的空间利用变化情况。

（6）统一配号

审批信息完整录入后，进行提交时，子系统会进行数据客观验证，验证项目用海是否与已用海域重叠、是否存在问题数据等。如果存在问题，子系统会将问题情况记录在备注栏内，便于以后查阅，如图 4-23 所示。

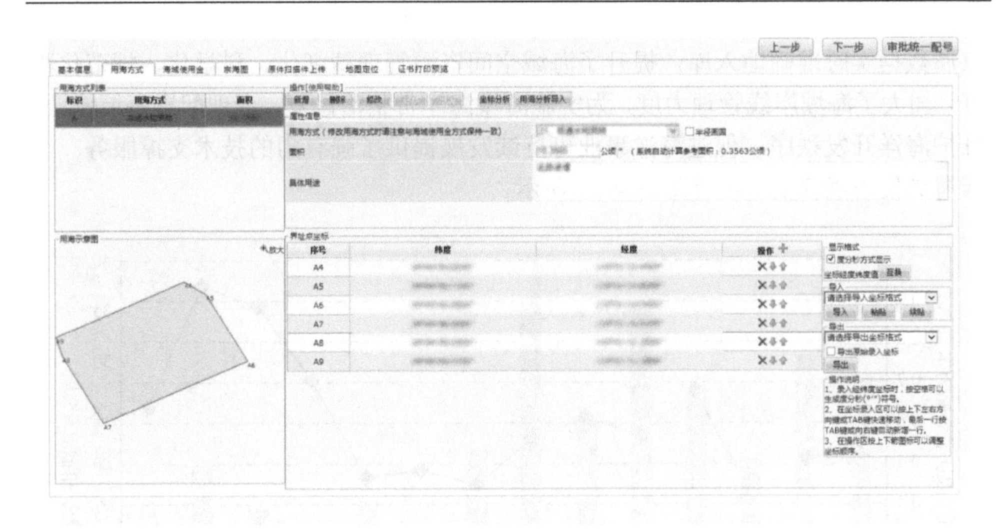

图 4-21　用海方式界面

海域使用金应征总额：[illegible]

	比例	应征金额（元）	减免金额（元）	征收金额（元）
中央	[illegible] %	[illegible]	[illegible]	[illegible]
地方总额	[illegible] %	[illegible]	[illegible]	[illegible]
省	[illegible] %	[illegible]	[illegible]	[illegible]
市	[illegible] %	[illegible]	[illegible]	[illegible]
区县	[illegible] %	[illegible]	[illegible]	[illegible]

确认　关闭

图 4-22　海域使用金分成界面

图 4-23　统一配号提示界面

4.2.2.2　成效

该子系统经过多年的建设和运行，数据库内已有近 10 万宗用海数据。通过权属数据实时准确地入库，提升了海域空间资源管理精细化、科学化、规范化程度，加大了海域岸线管理力度，为实施海域海岸带整治修复，合理配置海域资源，维护海洋开发秩序，促进海洋事业可持续发展提供了强有力的技术支撑服务。全国海域使用确权情况统计如图 4-24 所示。

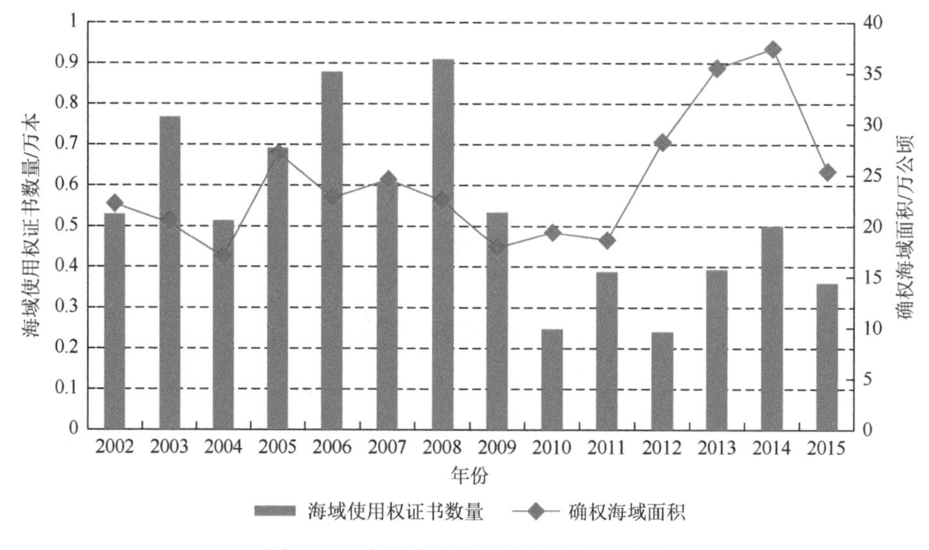

图 4-24　全国海域使用确权情况统计图

数据来源：2002～2015 年《海域使用管理公报》

4.3　动态监视监测子系统

4.3.1　服务器端子系统功能设计

动态监视监测子系统主要为海域动态监视监测业务工作提供信息化支撑，面向各级海域动态监管中心技术人员，实现监测数据采集、监测数据报送、监测成果统计等海域监视监测业务工作的信息化管理。服务器端包括监测任务管理、监测统计、监测内容、监测方案四个模块，如图 4-25 所示。

4.3.1.1　监测任务管理

监测任务管理主要实现年度海域动态监视监测重点任务的下达、省市海域动态监视监测工作方案的上报、省市海域动态监视监测工作总结的上报等功能。国家级与省级海域管理部门可以通过系统安排重点监测任务，如重点项目、区域用海规

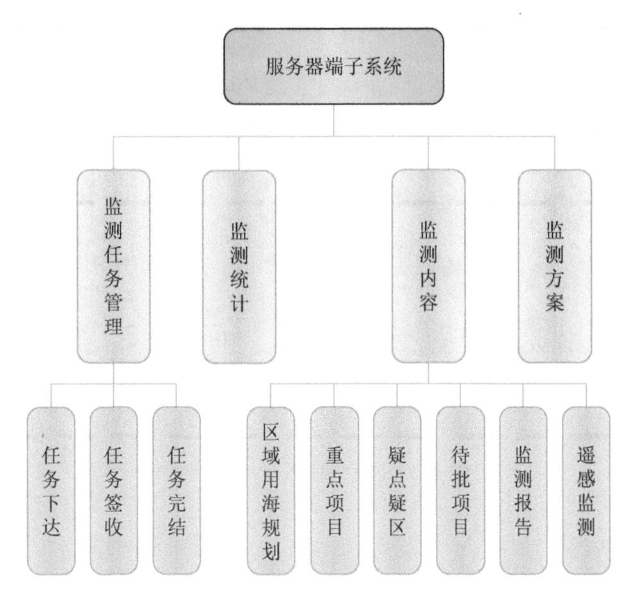

图 4-25　服务器端子系统功能结构图

划、疑点疑区等监测任务，同时在系统中可跟踪监测任务的责任人、完成时间、监测成果等。监测任务管理界面如图 4-26 所示。

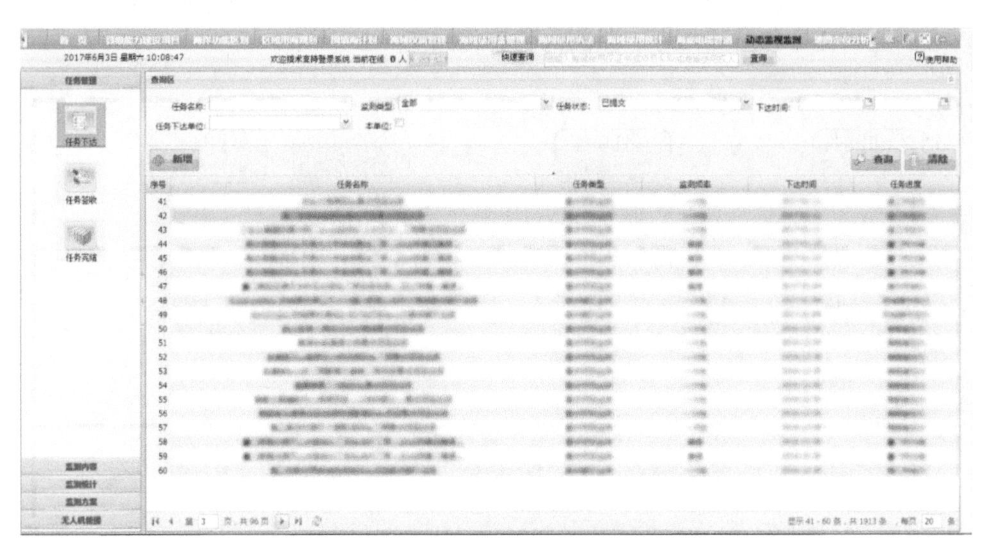

图 4-26　监测任务管理界面

监测任务管理模块的主要功能是对任务的管理。上级单位可下达任务给下级单位，下级单位签收任务后有两种选择：其一，执行任务，对监测对象进行监测；其二，将任务转达给下级单位。监测任务管理流程图如图 4-27 所示。

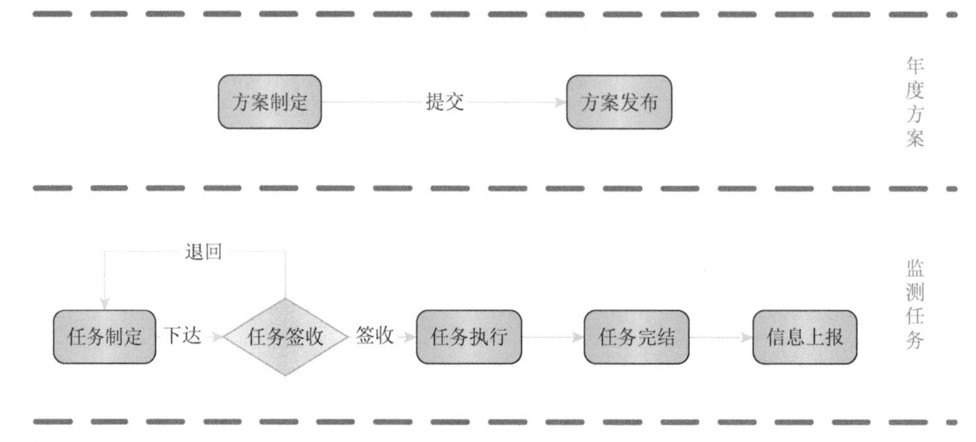

图 4-27　监测任务管理流程图

4.3.1.2　监测内容

监测内容按照监测对象的不同，分为区域用海规划监视监测、重点项目监视监测、疑点疑区监视监测和待批项目监视监测。通过监测范围定位功能，实现监测内容、监测任务、监测项目三者之间的关联，由监测内容可查看对应的任务和宗海信息，由监测任务可查看对应的监测记录和项目信息，由监测项目可查看其对应的监测任务和监测内容。监测内容流程如图 4-28 所示。

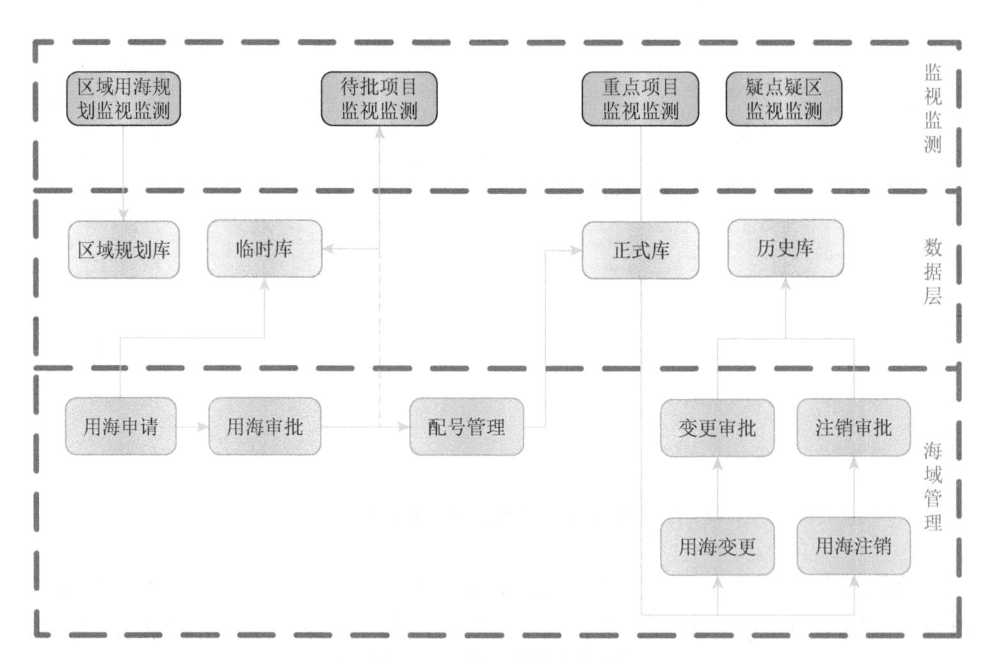

图 4-28　监测内容流程图

(1)区域规划监视监测

区域规划监视监测主要实现对区域用海规划实施情况的监视监测的管理，主要包括监测记录、监测成果的录入、监测成果统计等功能。可利用区域用海规划与海域使用权属数据进行空间叠加分析，检索区域用海规划内用海信息，实时统计系统中区域用海规划监测的次数、监测报告数量、用海权属情况等信息。区域规划监视监测界面如图 4-29 所示。

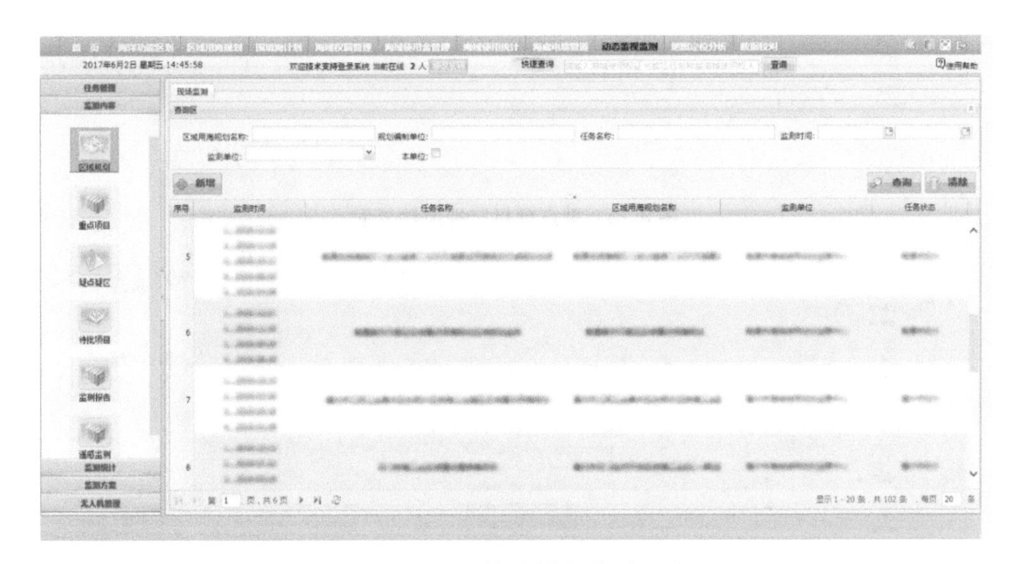

图 4-29 区域规划监视监测界面

(2)重点项目监视监测

重点项目监视监测主要实现用海项目的监视监测的管理，主要包括：监测成果录入、监测报告制作、成果展示、监测成果统计分析等功能。重点用海项目与海域使用权属数据严格对应，可相互关联调用相关信息，能够实时统计系统中用海项目数量、监测次数、监测报告数量等信息。重点项目监视监测界面如图 4-30 所示。

(3)疑点疑区监视监测

疑点疑区监视监测主要实现疑点疑区的监视监测的管理，主要包括监测记录、监测成果的录入、监测成果统计等功能。能够通过国家级节点提取的疑点疑区信息制定疑点疑区监测任务，并下达给省市级节点，由省市级节点完成外业核实后将核查监测成果录入系统，实时对疑点疑区监测信息进行跟踪管理。凝点凝区监视监测界面如图 4-31 所示。

(4)待批项目监视监测

待批项目监视监测主要实现待审批用海项目的监视监测的管理，系统的功能与重点项目监视监测相同，本节不再重复介绍。

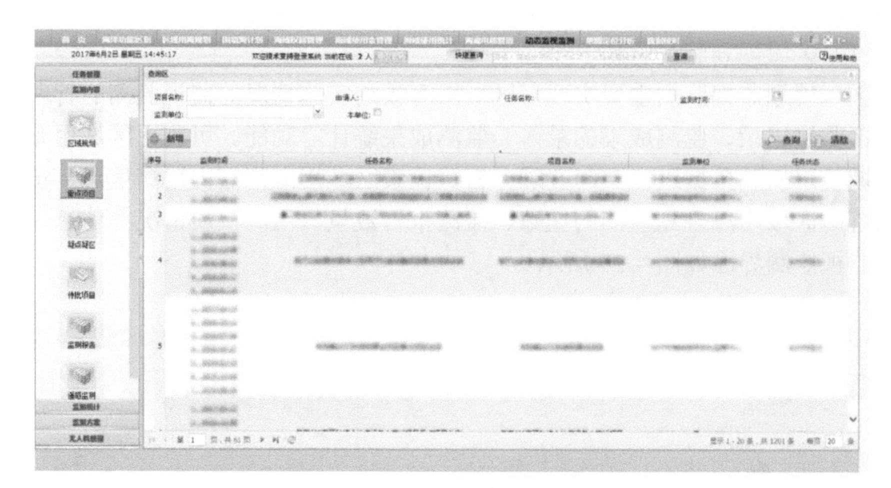

图 4-30　重点项目监视监测界面

图 4-31　疑点疑区监视监测界面

4.3.2　监视监测移动端子系统功能设计

针对海域使用外业监测业务工作特点，研发具有数据可视化、界址采集自动化、监测任务管理一体化的移动终端软件，实现了数据查询、数据采集、监视监测、数据统计、数据更新、系统设置等功能，并与内业自动综合制图模块结合，形成集监测任务下达及接收、数据采集、成果制作于一体的自动化海域使用监视监测系统。系统功能结构图仅对数据查询、数据采集、监视监测重要功能进行详细描述。移动端子系统功能结构图如图 4-32 所示。

（1）数据查询

数据查询主要针对海域确权数据进行查询。查询分为全部级别查询、用海类

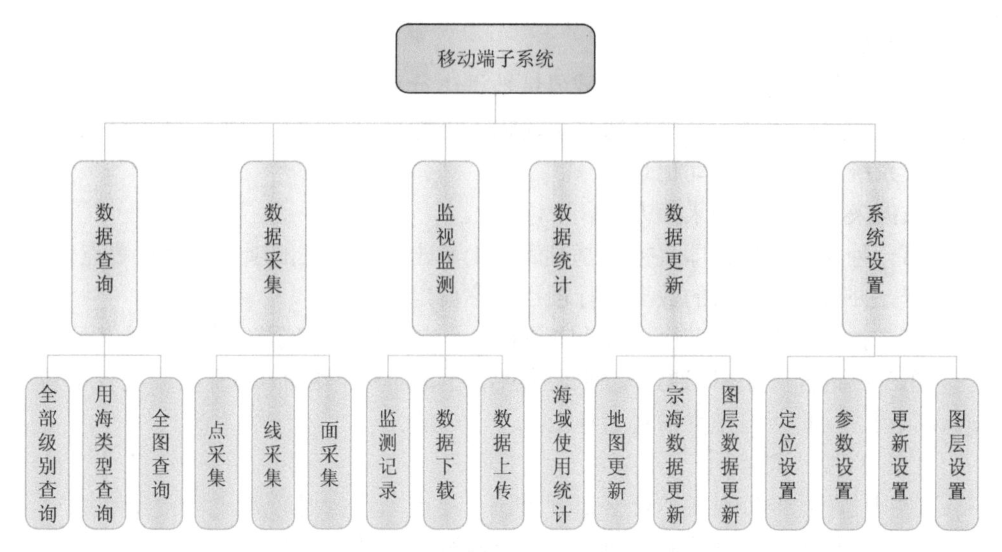

图4-32 移动端子系统功能结构图

型查询、全图查询等查询方式。可对查询到的确权用海进行定位查看，可添加图层查看周边用海情况，设置图层透明度，调整到自身习惯的查看模式，也可通过分屏显示影像数据与矢量数据进行确权数据联动显示。查询界面如图4-33所示。

图4-33 查询界面

（2）数据采集

数据采集主要对要监测的区域界址数据进行采集。信息采集后可以通过两种方式来记录坐标信息，一种是通过手动输入坐标来记录，另一种是通过 GPS（全球定位系统）定位来自动记录。

数据采集包括三种采集方式：

第一种为点采集，即直接在基础底图上单击需要采集的项目当前位置点来采集数据，并可对采集来的数据进行项目名称自定义。

第二种为线采集，即通过基础底图对多个点信息进行线状采集，记录其坐标。

第三种为面采集，即通过基础底图对要采集的多个界址点位置信息进行记录，形成面状，采集后自定义项目名称。

（3）监视监测

监视监测主要针对疑点疑区监视监测、重点项目监视监测、区域用海规划监视监测、待批项目监视监测、日常巡查等监测任务进行管理。

4.3.3 子系统应用实例与成效

4.3.3.1 应用实例

本小节以区域用海规划监测为例，详细阐述子系统的运行情况。首先，在动态监视监测子系统中下达监测任务；其次，通过移动终端系统接收任务，并通过移动终端到现场获取监测信息、监测范围及多媒体图片，将监测结果同步至海域综合制图软件进行自动制图；最后，完成监测报告的编制，上传至系统，至此监测任务完成。监视监测流程图如图 4-34 所示。

（1）任务下达

监视监测子系统的新增监测任务界面如图 4-35 所示。监测类型为区域规划监测，录入任务的基本信息，需要选择任务接收单位和处理人，任务可以下达给本级单位，也可以下达给下级单位。再单击“提交”即可将任务提交给接收单位，由接收单位进行签收。

（2）任务签收

上级单位下达任务给本单位后，需要先签收任务，才能对该任务进行监测。任务签收的任务状态有：待签收（未签收的任务）和已签收（已签收的任务）。监视监测任务签收界面如图 4-36 所示。单击“签收”按钮，确定签收任务，任务状态由待办变为在办。签收任务后，即可录入监测信息，如图 4-37 所示。

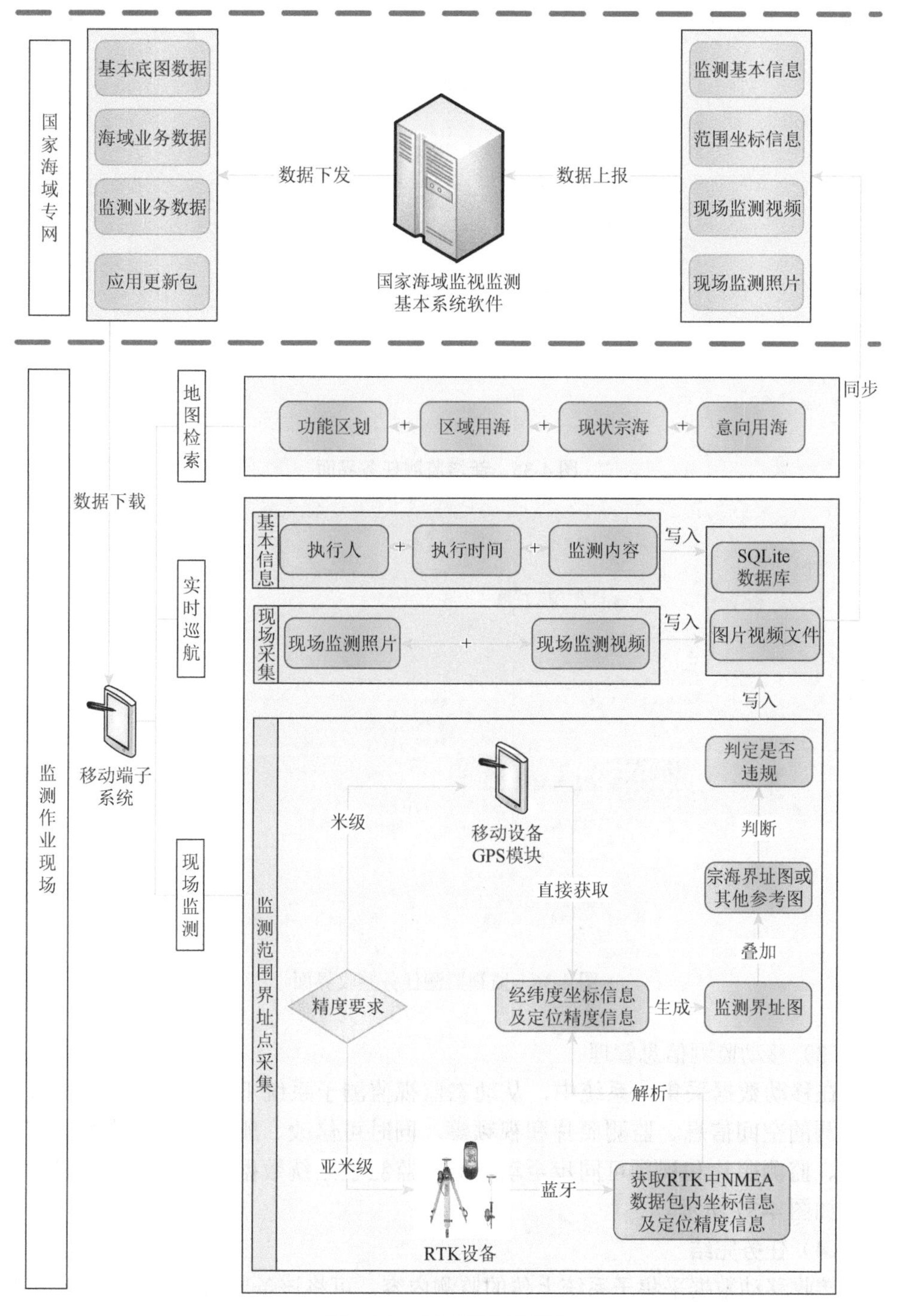

图 4-34 监视监测流程图

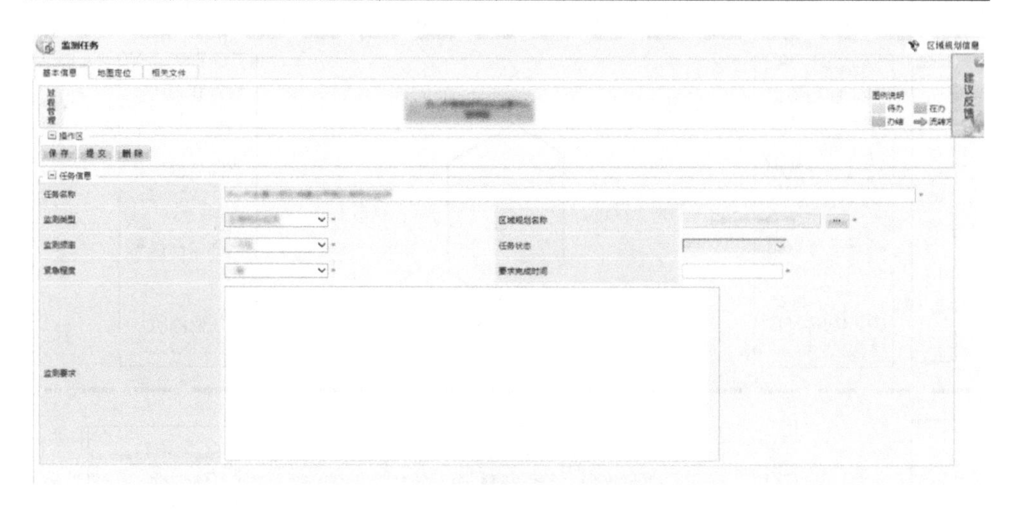

图 4-35　新增监测任务界面

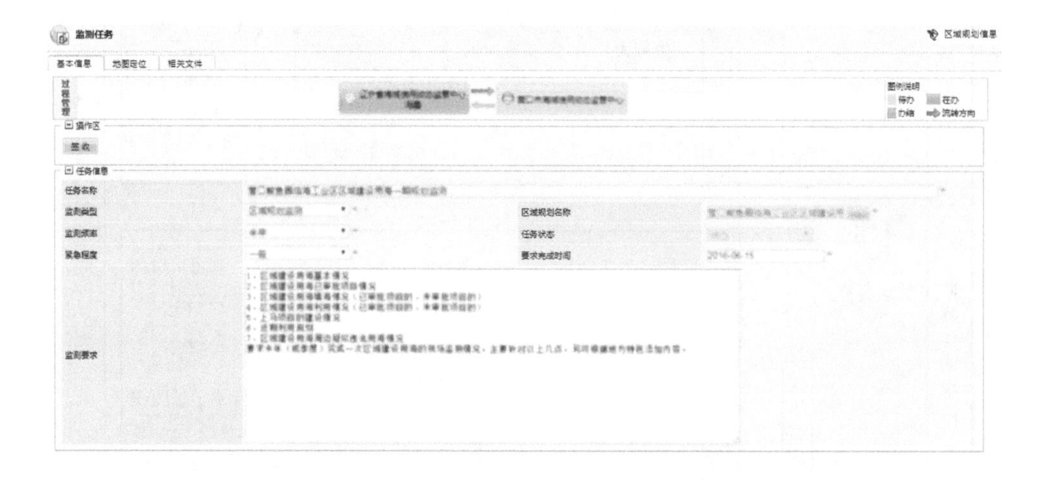

图 4-36　监视监测任务签收界面

（3）移动监测信息管理

在移动数据采集子系统中，从动态监视监测子系统下载监测任务，录入现场监测的空间信息、监测照片和视频等，同时可修改、删除。现场监测的空间信息、监测照片和视频可同步至动态监视监测子系统数据库中。监测信息录入界面如图 4-37 所示。

（4）任务完结

接收移动数据采集子系统上传的监测内容，可将该条监测任务完结，也可将任务退回给接收单位，由接收单位修改后进行再次提交。单击“完结”按钮，代表整个监测过程完结，不能对任务进行再次编辑。任务完结界面如图 4-38 所示。

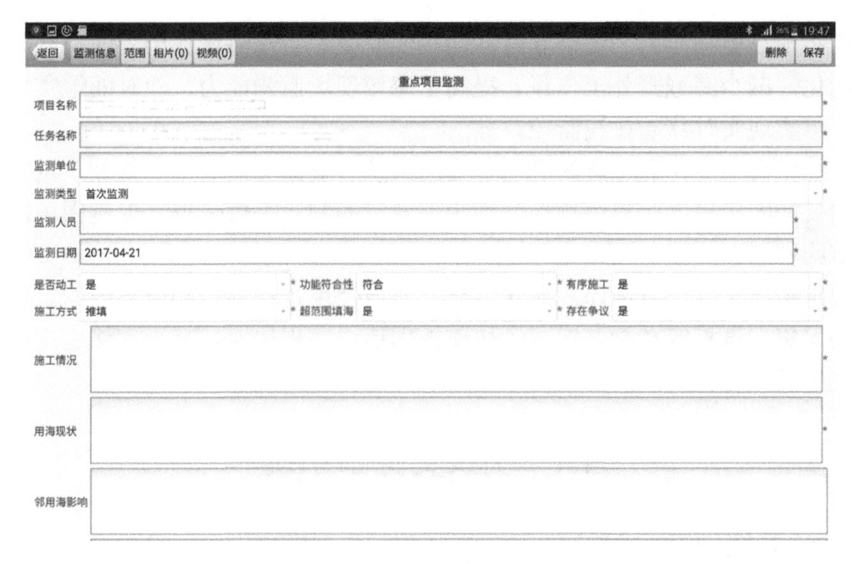

图 4-37 监测信息录入界面

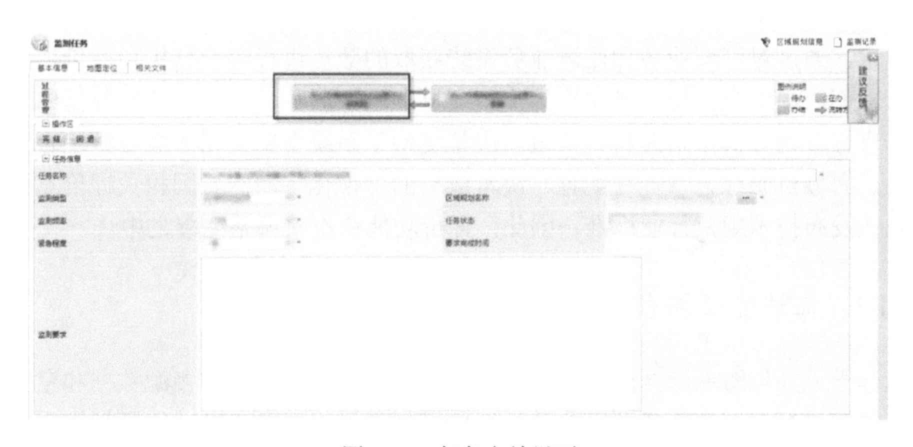

图 4-38 任务完结界面

4.3.3.2 成效

海域动态监视监测子系统主要面向的应用对象为国家、省、市、县四级海域行政管理部门、海域动态监管机构、海监执法大队等海域动态相关部门。目前，已广泛应用于各级海域行政管理部门、海域动态监管中心和部分执法单位，业务上已应用于海域动态监测、海域执法领域的野外作业中，提升了数据支撑服务水平，促进了海域空间资源的集约节约利用，提高海域开发突发事件的应急处理能力。

规范用海秩序，掌握用海信息。在疑点疑区现场监测中，用海分析实时查询、数据采集等功能，为遏制非法用海，规范用海秩序提供了技术支撑。

提高现场监测能力，实现实时移动在线监控。实现海域使用外业监测数据采集自动化，减少海域野外工作量，提高了海域现场监测能力，随时随地实时分类查询，可实现实时移动在线监控。

掌握填海进度，促进集约利用。利用系统有效监控区域用海规划、重大填海工程项目的实施进度、填海规模，为管理政策的制定提供依据，促进围填海走向集约节约利用。

跟踪用海进度，发现违规违法用海。海域使用执法部门利用系统的定位、数据自动采集、量算等功能，实现了快速甄别违法违规用海，减少违法违规用海现象的发生及国有资产的流失。

4.4　决策支持子系统

4.4.1　子系统功能设计

决策支持子系统基于海域数据信息，借助于信息智能处理技术和自然语言处理技术，通过对管理业务和监测业务系统获取的数据进行综合分析和评价，为海域管理部门提供全方位、多层次的决策支持和知识服务，能够方便对数据库全库数据进行查询分析，辅助科学决策。决策支持子系统主要包括海域资源综合评价分析、海域资源综合管理与配置、决策成果的可视化等功能。因相关评价算法没有正式发布技术规范行业标准，因此，评价功能在不断调整完善之中。

4.4.1.1　海域资源综合评价分析

基于近几年海域综合分析评价研究工作成果，结合丰富的多源数据和空间分析算法，进行海域空间资源综合分析评价模型建设，主要包括功能区划水质符合性分析、区域规划超范围填海分析、养殖用海域水质符合性分析和遥感岸线分析等专题，图 4-39 为专题分析界面。

4.4.1.2　海域资源综合管理与配置

结合海域资源的评价成果，与海域管理集约节约利用的要求相适应，逐步建立用海分析体系，辅助海域管理实现海域用海资源存量管理和精细化配置的强化。通过系统有效地为海域管理部门提供决策支持，加大用海审查的力度。海域资源综合管理与配置，主要是实现单宗用海与海洋功能区划、区域用海规划的符合性分析，与现状权属数据、待批用海、历史权属数据、临时用海等的重叠分析，申请面积与参考面积对比分析等功能。用海分析示例如图 4-40 所示。

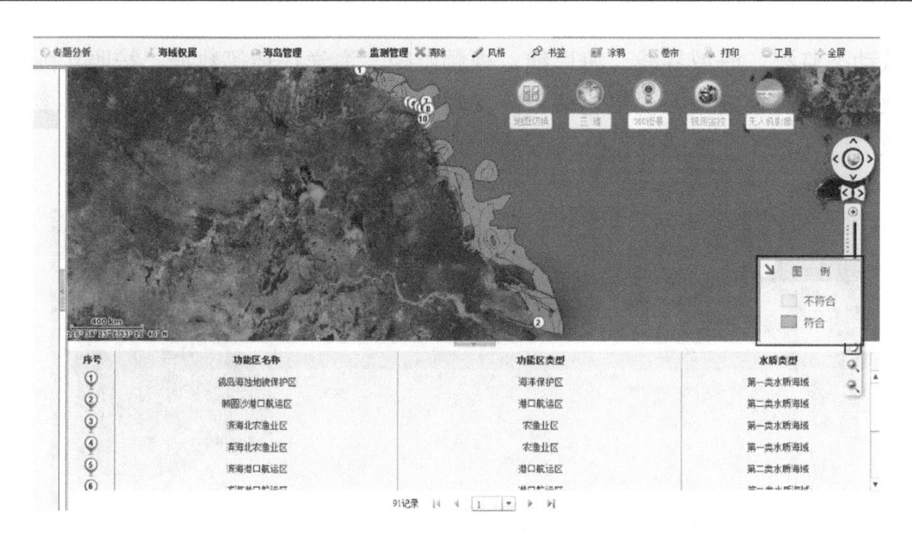

图 4-39　专题分析界面

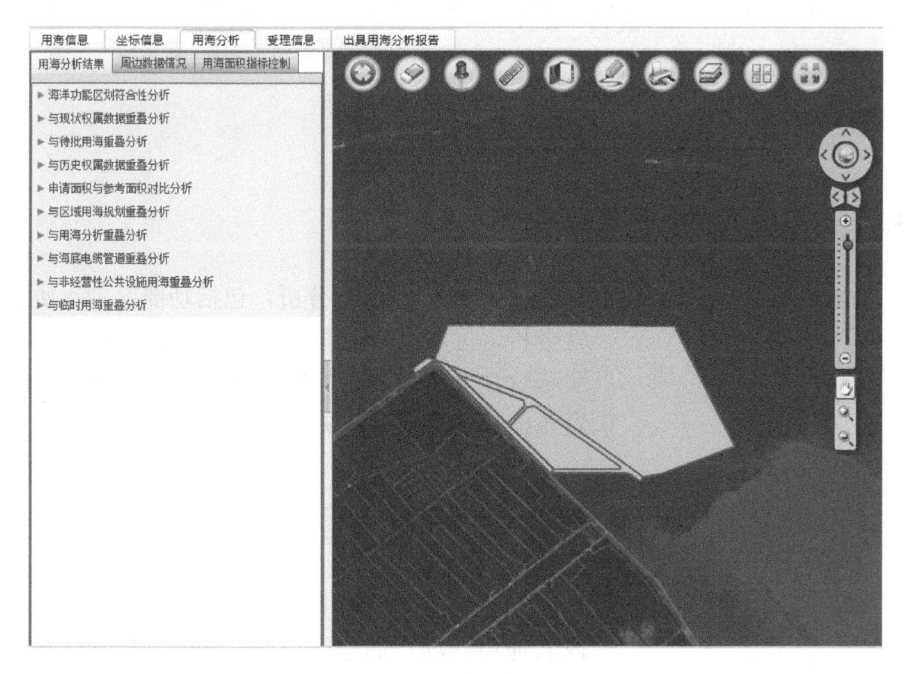

图 4-40　用海分析示例

4.4.1.3　决策成果的可视化

决策成果的可视化基于二维 GIS，将海域数据以“一张图”的模式进行管理。“一张图”主要包含多时相遥感影像、海洋功能区划、区域用海规划、海域使用权、海域动态监测、海域界线、海岸线、视频监控、海洋环境等数据。按照实际业务管理需求，决策成果可视化包括自定义勾画图斑、多源数据叠加可视化、多时相影像对比、现在专题图制作打印等功能。“一张图”界面如图 4-41 所示。

图 4-41　“一张图”界面

4.4.2　子系统应用实例与成效

海域资源综合评价分析主要是对各项专题进行分析，包括功能区划水质符合性分析、区域规划超范围填海分析、养殖用海域水质符合性分析和遥感岸线分析等专题。下面是海域资源综合评价分析模块应用实例。

4.4.2.1　项目用海分析

通过空间位置解算，分析用海项目与所在区域内其他用海项目的空间关系。首先，将项目概要信息和坐标信息录入，然后进行空间运算，与海洋功能区划数据、现状权属数据、待批用海数据、历史权属数据、区域用海规划数据、海底电缆管道数据等进行重叠分析，并根据坐标信息通过系统解算出参考面积，与录入面积进行对比。分析过程如图 4-42 所示。

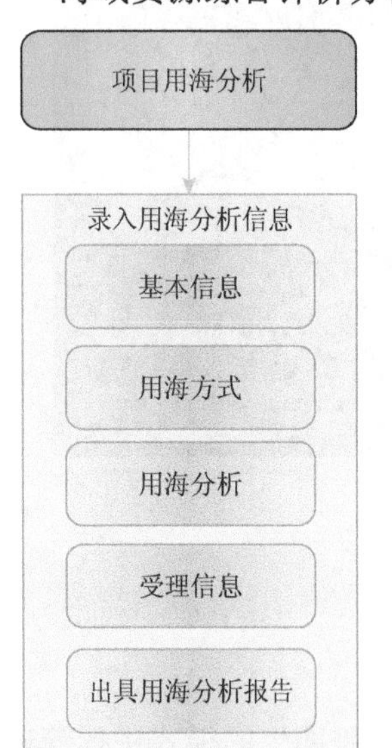

图 4-42　项目用海分析过程图

项目用海分析编辑界面如图 4-43 所示。

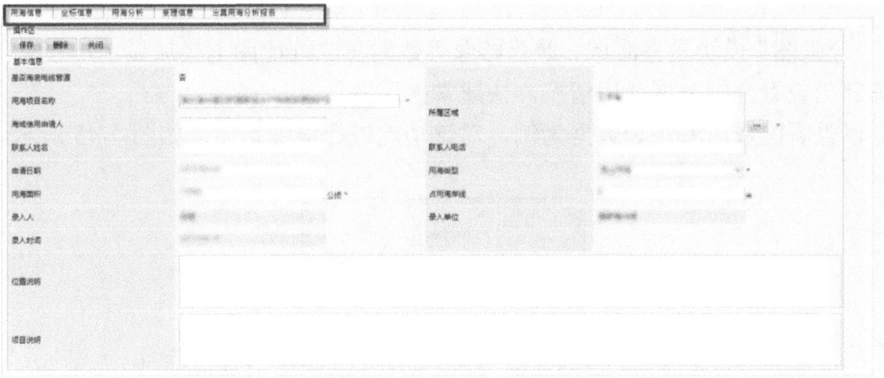

图 4-43 项目用海分析编辑界面

坐标信息录入完成后，用海空间信息即可在地图上定位显示，同时显示周边的用海数据情况。如果与现状权属数据重叠，那么应调整用海选址坐标。如果养殖用海周边是排污口，那么建议远离排污口进行选址。同时，用海分析还具备专题地图打印功能，可自动生成用海单元结构示意图、海域利用现状示意图等，自动生成的示意图会插入用海分析报告，用海分析报告通过系统导出为通用文档格式。项目用海分析界面如图 4-44 所示。

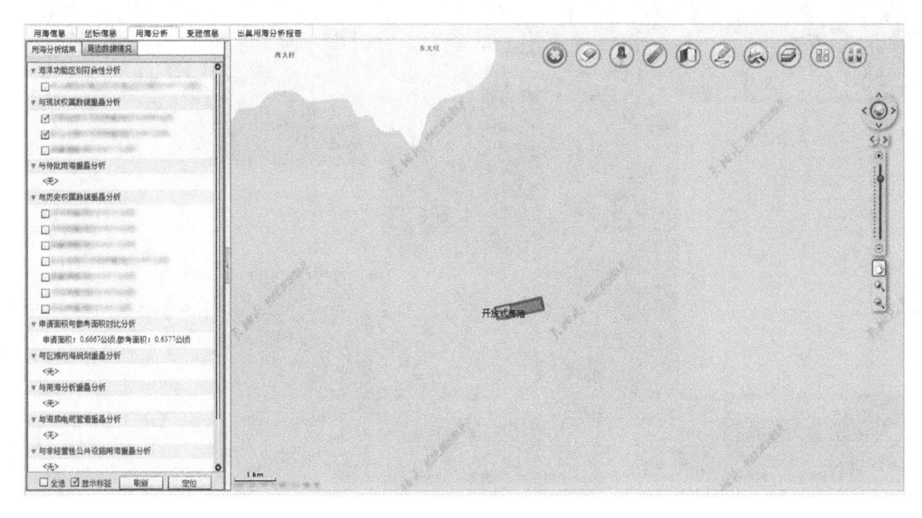

图 4-44 项目用海分析界面

2013 年以来，用户通过本模块对用海数据进行了 4 万余次分析，提高了海域使用管理科学化水平，提升了海域使用数据准确性。

4.4.2.2 “一张图”模块

“一张图”模块是将海域、遥感影像等数据在二维地图上叠加显示，方便海域管理部门查看全国海域使用情况，快速掌握用海信息。

以查看区域用海规划数据为例，对该功能进行详细阐述，如图 4-45 所示。

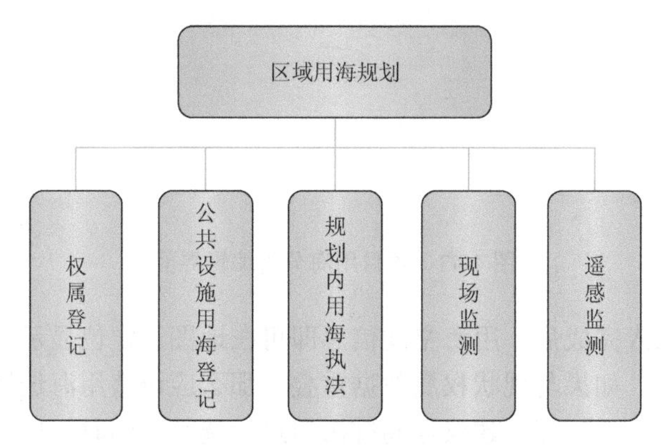

图 4-45 区域用海规划“一张图”

在地图定位界面上，所有区域用海规划数据动态加载在底图上，如图 4-46 所示。

图 4-46 区域用海规划地图定位界面

通过点选查看区域用海规划的详细信息，包括权属登记数据、公共设施用海登记数据、遥感监测、现场监测以及规划内用海执法等，如图 4-47 所示。

图 4-47 区域用海规划信息界面

4.5 辅助运维支撑子系统

系统高效运行离不开有效的运维支撑，运维支撑体系的建立除了人员团队外，还需要建立自定义自动化或半自动化的运维子系统来提升运维工作效率。

4.5.1 子系统功能设计

辅助运维支撑子系统，是从业务数据管理与智能分析、系统各节点运行监控等需求出发，设置业务支撑、辅助管理、基础保障等方面的功能，保障系统的正常运行。

4.5.1.1 业务支撑

数据导出功能可便于海域部门快速获取海域数据，使用其他系统或工具进行数据统计或处理工作。例如，海域资源状况核查、编制各类发展规划、用海审计和督察等。通过各种查询条件的组合，可将筛选数据批量导出二维表格，也可以导出为空间数据格式文件。数据管理界面如图 4-48 所示。

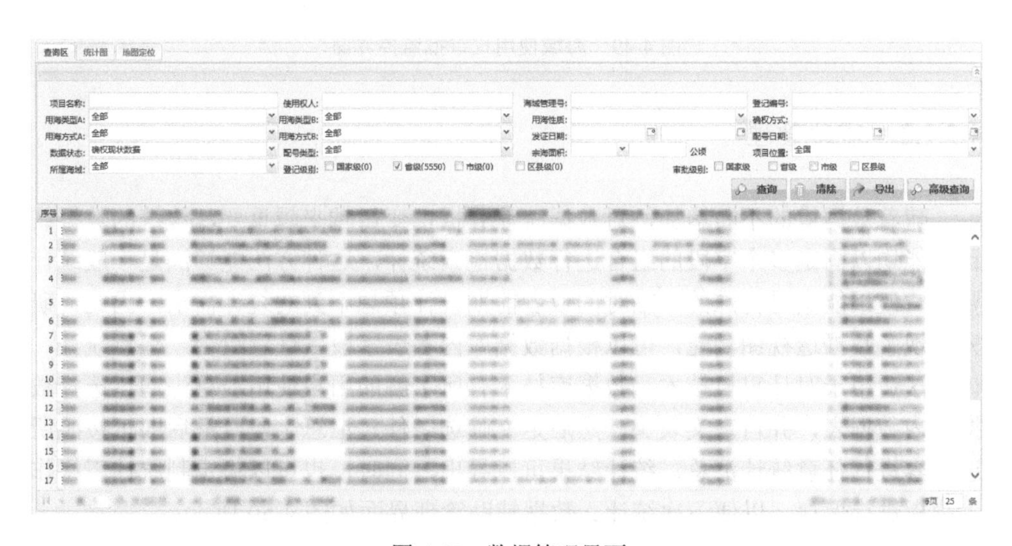

图 4-48 数据管理界面

系统富集了全国海域使用权数据，并且每日在不断变化中，因此，实时掌握全国权属变化情况显得尤为重要，同时，对信息系统来讲，也要对数据库变化情况进行监控。海域使用权审批监控就是对当日或任意时间段的审批用海情况进行实时统计，以此掌握最新审批用海变化情况。海域使用权审批监控界面如图 4-49 所示。

海域使用权审批监控

时间段：2017年6月22日 2017年6月22日　　2017年6月22日 14时36分39秒　　星期四

序号	节点	初始登记审批		变更登记审批		注销登记审批	
		数量	面积（公顷）	数量	面积（公顷）	数量	面积（公顷）
1	国家						
2	辽宁省						
3	河北省						
4	天津市						
5	山东省						
6	江苏省						
7	上海市						
8	浙江省						
9	福建省						
10	广东省						
11	广西区						
12	海南省						
13	合计						

图 4-49　海域使用权审批监控界面

4.5.1.2　辅助管理

随着数据量的不断增加，对数据统计分析也变得越来越重要，传统的数据统计功能均以固定多个字段的组合进行数据检索统计，这种方法能够满足一般统计要求，但不能满足特殊的、临时的或者前期设计预想不到的统计需求，因此，研究实现了数据透视图功能，可以根据数据库内各表字段，任意组合，任意统计。该方法适用于对计算机技术、数据库技术有所了解的用户使用，首先通过选择数据库内数据表，并自定义表头，然后定义筛选条件、汇总字段，最后即可按照所选内容进行任意统计汇总，统计结果可以导出，同时，也可以将定制统计表格作为模板进行保存，以便下次统计。数据辅助管理界面如图 4-50 所示。

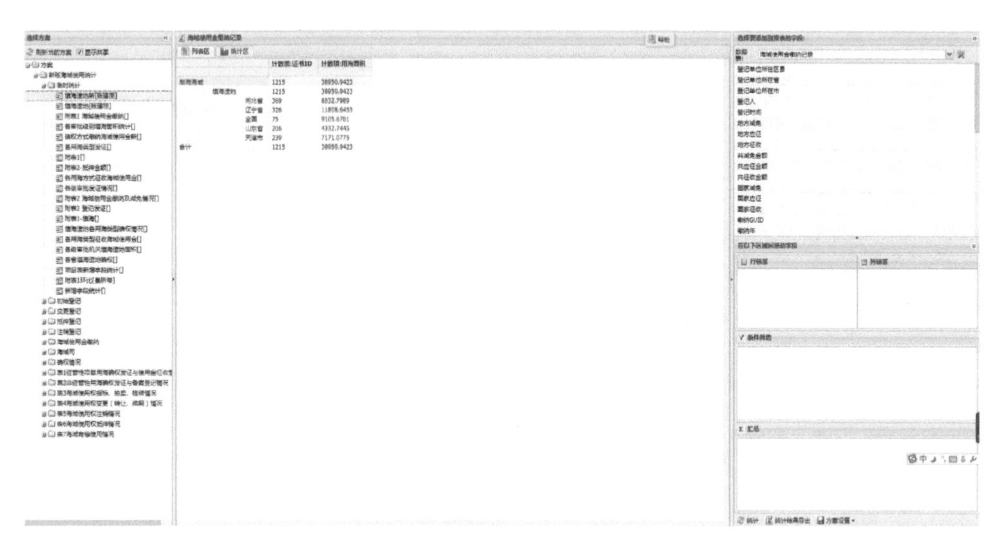

图 4-50 数据辅助管理界面

在日常管理统计中，也制定研发了专项报表统计功能。根据不同管理用户需求制定不同的查询方案，并将查询定义的表格，按月或季度进行导出，紧密贴合管理实际，最大限度地提高数据统计工作效率，如图 4-51、图 4-52 所示。

图 4-51 专项报表导出界面

4.5.1.3 基础保障

业务软件为分布式部署架构，沿海各省部署了省级节点系统，为全面掌握各省节点系统运行状态，对全国 11 个省级数据库服务器、应用服务器、地图服务器运行状况进行实时在线监控，设定分色图标，绿色图标代表服务器正常，黄色图标代表地图服务或数据库异常，红色图标代表服务器断开或没有启动。一旦发现服务器异常情况，系统将及时通知运维人员进行处理。各节点运行状态监控界面如图 4-53 所示。

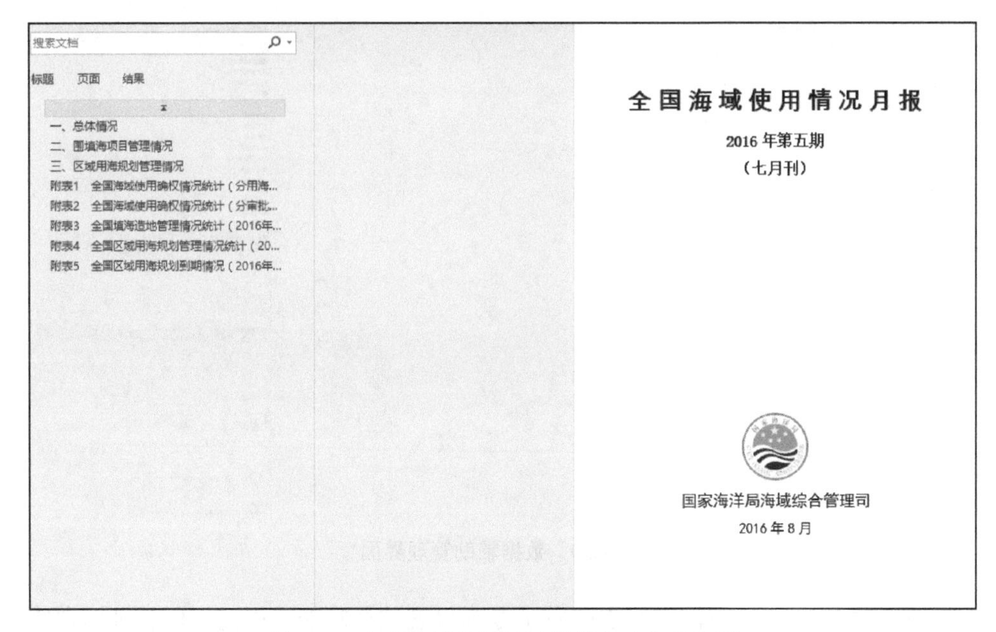

图 4-52 全国海域使用情况月报自动生成界面

服务器状态

城市	信息
辽宁省	服务器正常
河北省	服务器正常
天津市	服务器正常
山东省	服务器正常
江苏省	服务器正常
上海市	服务器正常
浙江省	服务器正常
福建省	服务器正常
广东省	服务器正常
广西区	服务器正常
海南省	服务器正常

查看日志

图 4-53 各节点运行状态监控界面

业务软件平台的用户管理规范性，决定了信息安全管理，同时也能够通过权限配置更好地实现数据的共管、共用、共享。各分布式系统均设置节点管理员，管理日常用户信息的增加、修改、删除和查询统计工作。特别需要指出的是用户所属单位及角色设置，决定了业务软件平台可访问内容，不同的角色权限能够看到不同软件界面。用户管理界面如图 4-54 所示。

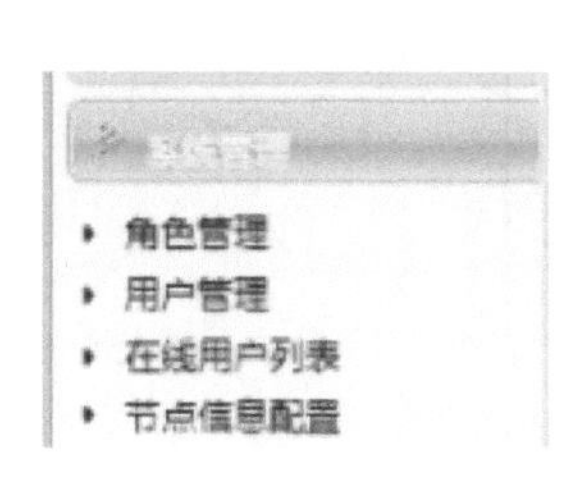

图 4-54 用户管理界面

运维人员定期对业务软件平台日志进行巡查，检查近段时间内是否存在出错日志，如果出现，分析出错内容，若存在风险，立即解决潜在的问题。日志管理界面如图 4-55 所示。

图 4-55 日志管理界面

4.5.2 子系统应用实例与成效

4.5.2.1 应用实例

辅助运维支撑子系统主要是辅助运维团队维护系统，确保系统正常运行，实现从监控—预警—处理—总结—反馈—统计的流程化运维管理。本节以模拟一个省级节点异常为例进行阐述。服务器这行状态异常图和服务器运行状态统计分别如图 4-56、图 4-57 所示。

当出现服务器运行异常时，就会进入故障处理流程。突发事件应急流程如图 4-58 所示。

1）服务器监控预警：系统实时监测全国各节点运行状态，当监测到某节点出现异常，自动生成警告信息，并触发消息和短信服务，第一时间将警告告知运维工程师。

2）问题处理：运维工程师收到信息后，对问题等级定位并处理，当问题严重时，运维工程师联系机房管理员、网络管理员、运维团队等讨论解决方案，如遇到无法解决的故障时，技术负责人将到事故现场进行故障处理，直至问题解决。

3）事件总结：由技术负责人和运维工程师总结事件问题报告，将事故的发生原因、处理的方式，以及如何避免再次发生的方法进行详细记录。

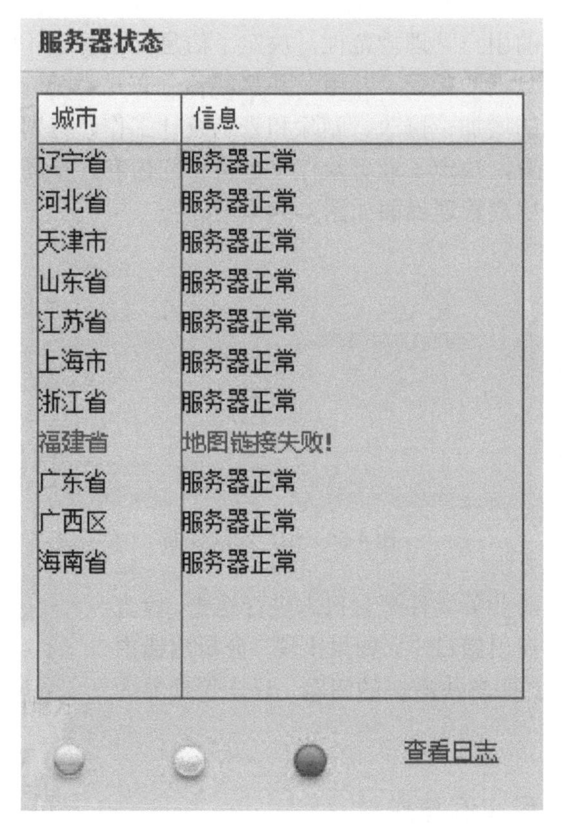

图 4-56　服务器运行状态异常图

图 4-57　服务器运行状态统计

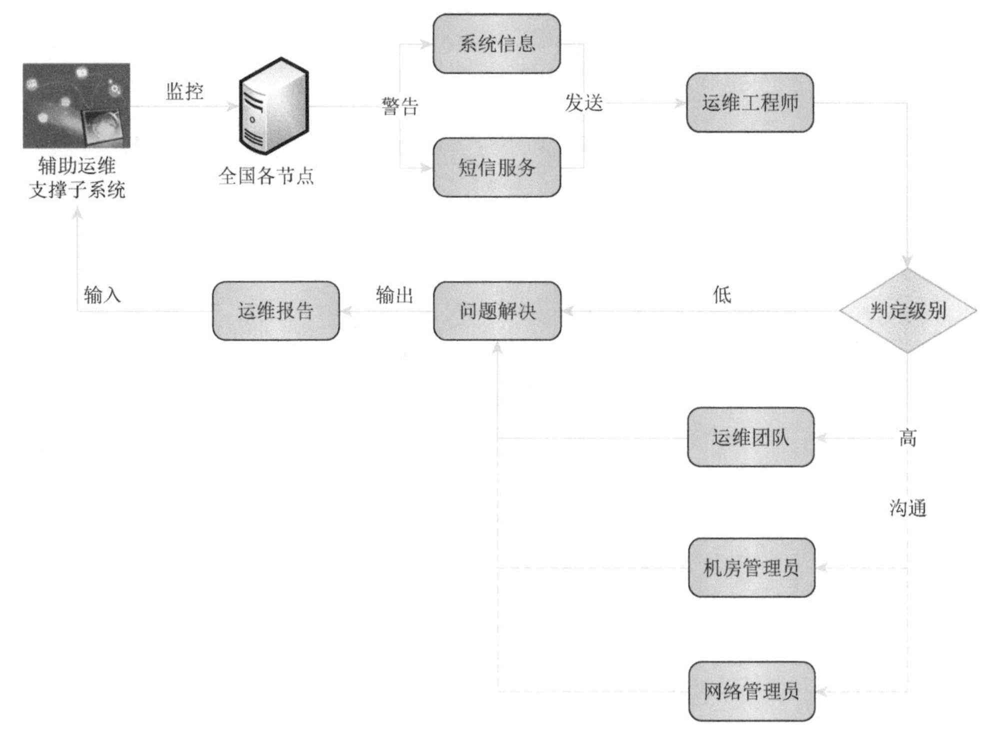

图4-58 突发事件应急流程

4）信息反馈：将整理后的事件问题报告录入辅助运维支撑子系统中，并修改警告信息的相关状态，同时将本次事故的发生原因及处理方式告知相关人员。

5）故障统计：统计各节点各类的异常次数、异常原因、异常类型等。

4.5.2.2 成效

通过运行辅助运维支撑子系统，有效地维护了上万人次高效使用系统，保障了各级海域行政管理部门和监测机构顺利开展日常工作，如图4-59所示。

不同方式的数据交换共享近4000次，运维系统为海域动态监管中心、海洋与渔业局、海域动态监视监测中心等部门提供数据支撑，为审计、海洋督查、海域使用评价、用海分析等工作提供基础数据。

通过运行辅助运维支撑子系统，进一步加强了业务软件运行维护能力，也积累了较为先进的管理理念与流程经验；满足了海域管理大数据量安全存储的要求，满足了多种应用运行环境稳定的要求，满足了系统及数据高效、可靠和安全运行的要求，满足了运行设备统一管理、及时的故障恢复的要求；保证在

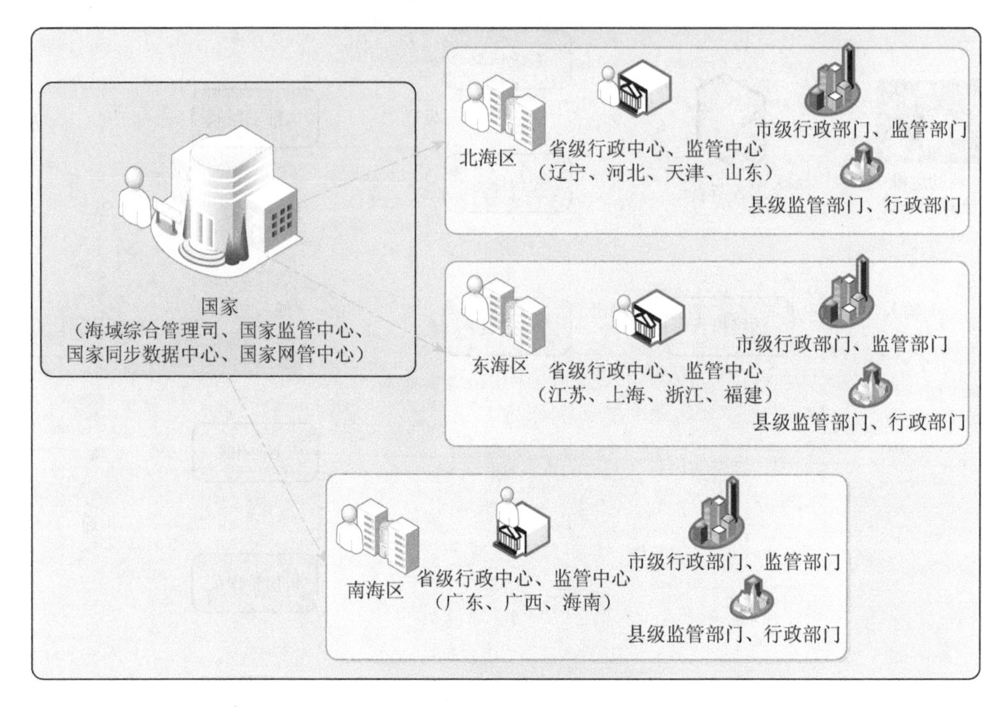

图 4-59　用户分布示意图

国家及沿海 11 个省节点构建的应用系统和数据中心的设备平台正常运行，达到高效、稳定、安全和高扩展性，为实现信息化建设的可持续发展奠定标准化运维管理基础。

4.6　信息发布平台

信息发布平台是国家海域动态监视监测管理系统业务软件平台的对外窗口，是集合了信息发布、资源共享、业务整合、应用深化的海域综合信息发布平台，采用了具有领先性和前瞻性的建设模式，主次分明，中心突出，具备严格的分级权限管理机制和信息安全保障措施，具备开发性、扩展性、自生长性，能够满足日益提高的用户需求，并进一步推进海域动态监视监测宣传工作。

4.6.1　子系统技术设计

信息发布平台门户网站命名为“国家海域动态监管网”，域名为“www.nsds.cn”[①]。

① 网址还在调试中。

作为涉海单位与社会公众获取信息和服务的主要接入渠道，门户网站的信息发布是将海域动态监测业务领域内某些经常变动的信息（如业界动态、政府公告、监测成果等信息）集中管理并对其共性进行分类，最后系统化、标准化地发布到网站上，从而搭建出海域动态监管从业人员、科研机构及社会公众进行交流宣传的权威平台。

依据信息发布及网站内容管理技术发展需求，按照层次开发设计模型，平台划分为应用表现层、业务组件层、系统服务层、硬件层和接入层5个部分；具备了跨平台、多数据的支持能力，保证了系统维护及拓展的易操作性，如图4-60所示。

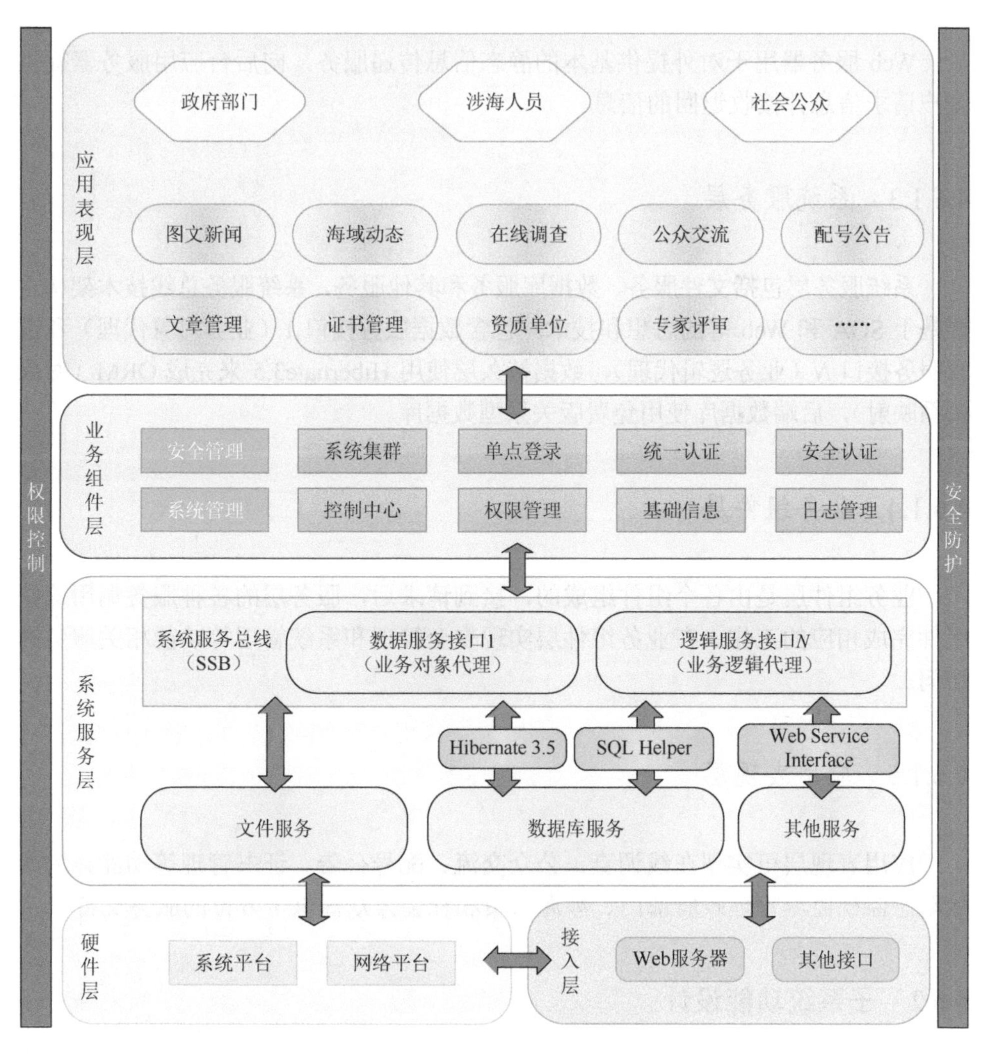

图4-60 信息发布平台系统结构

4.6.1.1　硬件层

使用具备独立 IP 的外网服务器，实际使用两台服务器，包括应用服务器和公共数据库服务器，公共数据库服务器对外网不可见。信息发布的外网链路由通信运营商提供。

4.6.1.2　接入层

Web 服务器用于对外提供基本的静态信息传递服务，向后台应用服务器提供客户请求信息并接收返回的信息。

4.6.1.3　系统服务层

系统服务层包括文件服务、数据库服务和其他服务，系统服务总线技术架构主要基于 SOA 和 Web 等的思想和技术。包含数据服务接口 1（业务对象代理）和逻辑服务接口 *N*（业务逻辑代理），数据持久层使用 Hibernate3.5 来完成 ORM（对象关系映射），后端数据库使用免费版关系型数据库。

4.6.1.4　业务组件层

业务组件层是由各个组件组成的，接到请求后，服务层的各种服务调用这些组件完成相应的工作。在业务组件层实现安全管理和系统管理等功能相关服务的访问。

4.6.1.5　应用表现层

应用表现层可实现在线调查、公众交流、配号公告、证书管理等功能，为海域动态监视监测管理政府部门、涉海人员和社会公众提供全方位的服务支持。

4.6.2　子系统功能设计

信息发布平台将海域动态监管监测、海域使用管理、海域使用执法等诸多内容进行整合，形成覆盖海域管理全内容的信息发布平台，具有严格的分级权限管理机制、流程审核管理机制、专网与外网数据交换机制，保证信息共享和信息安全，达到信息公开的目标。用户通过内部的信息发布平台端口，可以获取所需的资料信息；社会公众通过外网的“国家海域动态监管网”可对相关的海域动态信息进行查询，形成通过专网、互联网、移动终端等多种形式手段进行信息发布的全方位信息发布网。

门户网站作为信息发布平台建设中的必要措施，是实现信息公开的重要窗口。建设过程需强调信息资源的全面性、维护更新的及时性、发布通告的准确性、规划进展的完整性、公开内容的保密性、浏览使用的无障碍性。在实现功能最大化的同时，要求实现用户的视觉统一和操作便捷的最大化。

4.6.2.1 信息管理

信息管理作为信息发布平台的核心功能，及时、准确、快速地公开涉及海域动态监管的相关信息是建设门户网站的首要任务，是深化海域主管部门信息公开力度，满足社会公众信息获取需求，提升整体服务水平的重要前提。

（1）信息类别

国家海域动态监管信息主要可分为常规类信息与非常规类信息两大类。

常规类信息主要是指公告、通知、规章、规范性文件、统计公报等日常性向公众发布的信息。这类信息因为通常有一定的时限要求，发布时需注意信息内容准确完整、信息发布速度快、信息发布格式规范等。

非常规类信息以专题类信息为主，通常围绕重要会议、重大事件、重要活动，开展相同主题的信息经组织策划后整合发布，所涉信息类别丰富、数量庞大、力求从多角度向社会公众展开报道。发布时需注意信息主题突出、栏目设置合理、信息发布速度快、更新及时、页面布局合理、总体风格统一。

（2）发布机制

采用多级审核制方式进行信息发布。信息发布机制如图 4-61 所示。

常规类信息的发布采用快速便捷的工作机制，由相对应的栏目负责人完成信息采编、预览，检查无误后进行网上发布。非常规类信息发布通常为一系列信息和页面的有机组合，对于此类发布任务，则需要依据信息主题和发布需求进行组织策划，明确工作内容、进行信息整合和栏目功能实现工作，通过多次修改完善后进行发布。

4.6.2.2 证书查询

海域使用权是海域的自然资源使用权，是指非海域所有人依据法律规定，为

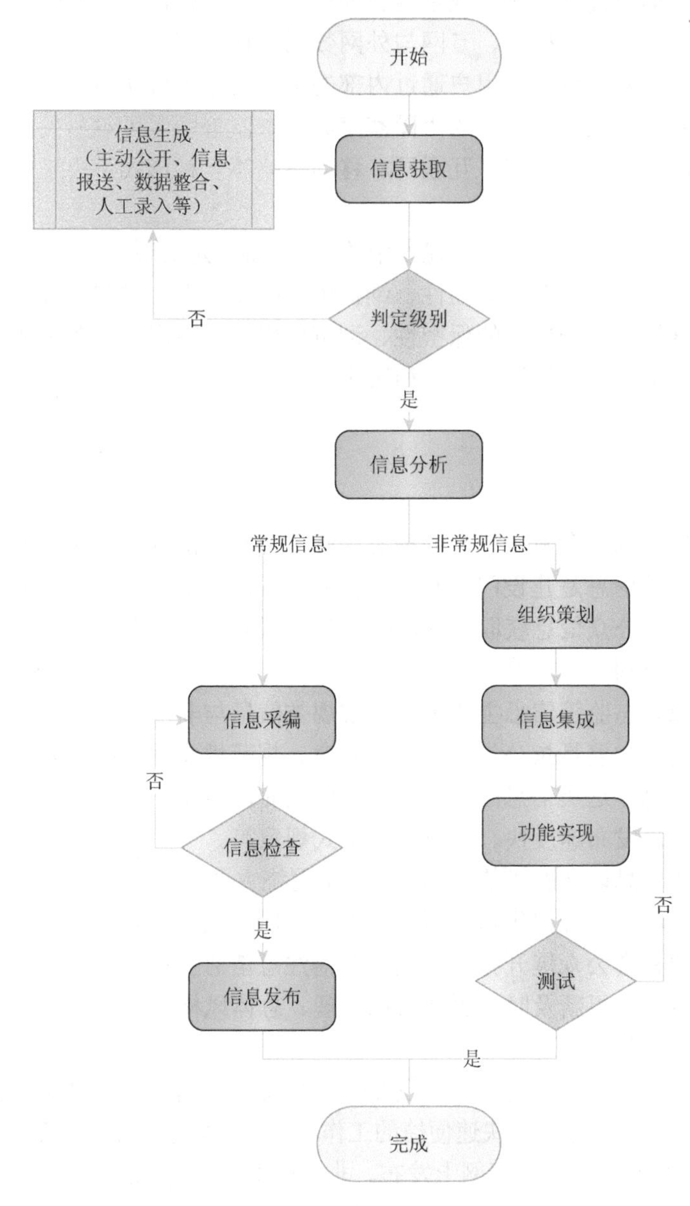

图 4-61　信息发布机制

了一定的目的使用国家所有的海洋资源。海域使用权人可利用海域使用管理号查询功能对海域使用信息进行查询。

（1）查询机制

业务软件平台导出海域使用权信息（XML 数据交换格式），“国家海域动态监管网”导入部分可公开信息，并提供信息查询功能，查询号码为完全匹配。证书查询机制如图 4-62 所示。

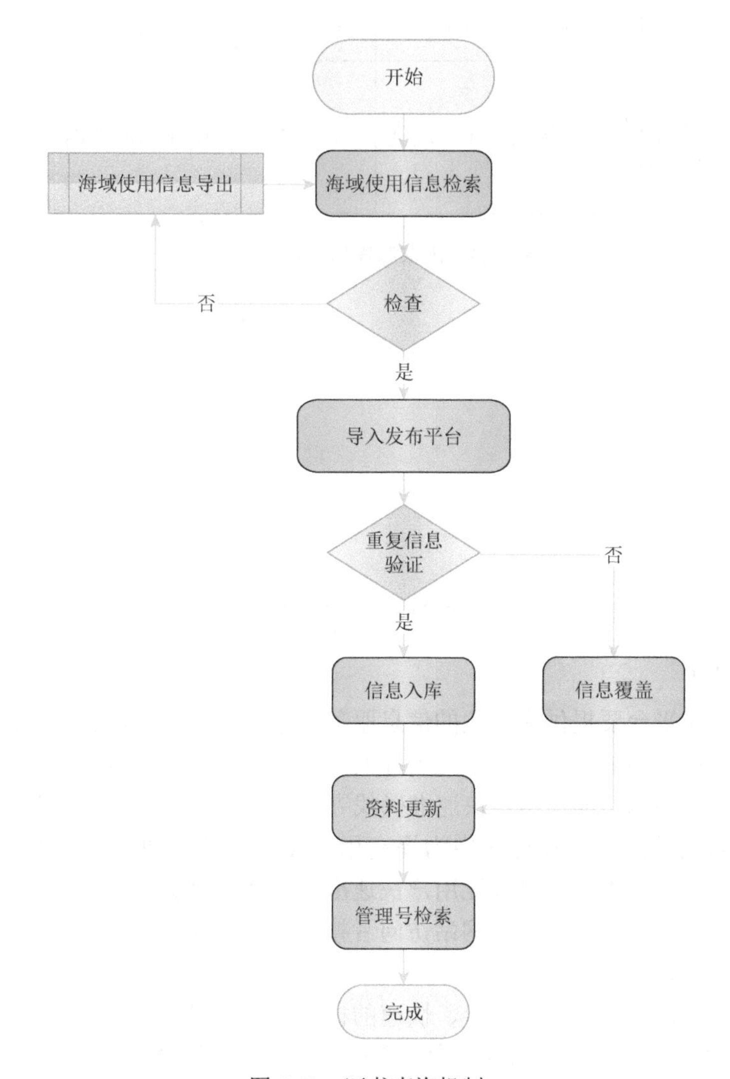

图 4-62 证书查询机制

海域使用权人同时可在通知公告栏目中获取项目用海审批公示结果。国家海洋局项目用海公告如图 4-63 所示。

海域使用权人也可在证书查询栏目依据已颁布海域使用权管理号对所批准的项目用海相关信息进行检索，如图 4-64 所示。

海域使用权初始登记

1. 亚太直达(APG)国际海底光缆中国南海海域段工程项目

项目名称	海域使用权人	用海方式	用海面积/公顷	证书编号	用海期限
亚太直达(APG)国际海底光缆中国南海海域段工程项目	中国移动通信集团公司	海底电缆管道	173.9637	2015A44030801182	2015年6月23日至2040年6月22日

图 4-63　国家海洋局项目用海公告

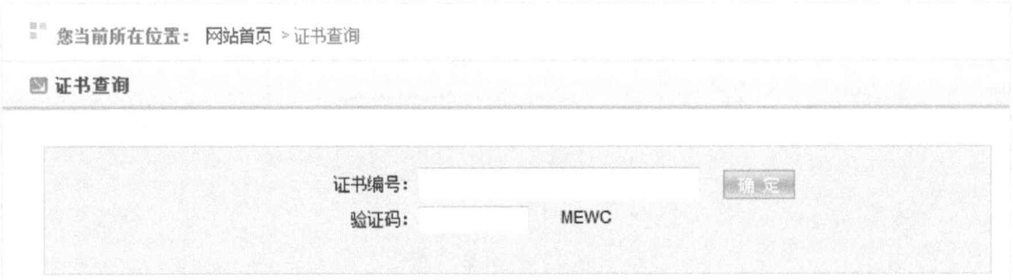

您当前所在位置：网站首页 > 证书查询

证书查询

证书编号：　确 定

验证码：　MEWC

图 4-64　用海信息查询

（2）检索

信息发布平台要提供人性化的信息服务，建立统一的搜索引擎，便于使用者查找信息。检索功能与导航功能互为补充，导航界面为用户提供了网站浏览指引路径，而检索功能帮助使用者快速准确找寻信息。

网站检索功能是建设过程中为提高用户使用网站的便利性而提供的必要功能。高效便捷的站内检索可以让用户快速准确地找到目标信息，实现政府和公众之间的信息交流，而且通过对网站访问者搜索行为的深度分析，可以制定更为有效的公众政策。

信息发布门户网站提供完善、快速的检索功能，用户可依据自定义检索条件（如标题、关键字等）进行站内搜索，搜索的范围可覆盖整个网站信息，系统对检索条件进行分析处理，提供全站搜索结果。

4.6.2.3　栏目管理

栏目是站点的信息与内容的显示和导航结构，是站点的信息和内容的分类节点。栏目可以有父子关系，可以达到无限层级，形成栏目结构树。在每个栏目中，可以通过模板（栏目的显示样式）和模块（栏目的具体内容与交互）来加载形成，这样就可以创建任意复杂的静态页面和交互式页面，从而实现栏目动态管理的功能。栏目管理的功能主要包括栏目列表管理、新建栏目、导出栏目、修改栏目、删除栏目、隐藏栏目等。

4.6.2.4 公众交流

创建良好的公众互动渠道与途径，是保障公民享有的参与权和监督权的重要手段。可让社会民众依托信件畅所欲言，使海域监管人员了解公众对海域监管工作的需求与建议，有益于国家海域动态监视监测工作快速、透明、健康、全面地向前推进。

公众互动定位的实现，不仅需要强调门户网站公众互动功能本身的建设，更应注重社会公众与主管部门交流沟通的效果，使得信息发布平台真正起到“桥梁”作用。这就要确保公众提出的合理化意见和建议得到及时的处理与反馈，门户网站的公众互动模块真正脚踏实地。

（1）留言信箱

网上信箱可以接收社会公众提交的各类咨询、建议和感想等，增强政府和社会公众之间的互动沟通管理功能，实现对提交问题的快速响应和及时回复。

用户依据信件类型完成内容填写并进行提交，系统自动生成编号，自动转交后台管理员并进行分发，由相关部门工作人员进行及时处理；系统管理员可以对各部门工作人员处理的事项进行督办；用户可以根据初次提交问题时系统提供的编号随时查询问题处理进度，提交的问题可以按划分的类别进行分类显示；已提交的问题或相关工作人员回复受理的问题，可以进行查询；后台支持多维度统计分析，统计信息包括办件数、办结率、及时率等信息，支持办理情况的回溯查看，提供多种展现方式。

（2）在线调查

为掌握网站在社会公众心里的满意度，设置了建议的调查统计模块。系统管理员通过新建、修改、删除、引用调查问卷。对于每个调查问卷可以对标题、摘要、内容、选项、调查项组成结构等进行管理。管理员也可新建、修改、删除、排序调查项（组），提供多种选项类型：单选、多选、附加选项（填空）。一份调查问卷中可包含多个调查项组，提供图形化结果查看。

4.6.2.5 权限控制

为保障信息发布平台健康良好运转，权限控制需设置多重管理机制，从而有效保障系统和数据的安全。

（1）信息权限

大众信息类：可以让任何人从网上查询。加密信息类：只有拥有该应用合法用户名及口令的用户才能访问。权限的控制可根据需要控制到该应用或每条信息。流程类：必须拥有合法的 ID 及口令才能访问。

（2）用户权限

不同的用户对于系统的功能需求不同，出于安全性、管理性等方面的考虑，需要对于功能使用者的身份进行控制。用户权限可大致划分为栏目管理者、系统管理员和普通访问者。栏目管理者只能够对本栏目内容进行更新维护。系统管理员可进行系统维护、所有信息栏目和内容的维护，以及设置各模块的使用人员。普通访问者以浏览网页为主，能够查询和浏览网站的信息内容，还可使用网站提供的交互工具（如留言信箱）与系统管理员进行信息交流。

4.6.3　子系统应用实例

信息发布平台建设就是让涉海人员及社会公众获得所需的政务信息，是推进海域动态监管信息公开的客观要求。作为信息窗口，信息发布平台是了解海域管理有关政策和动态信息，实现与海域主管部门互动的最快捷渠道。平台将与国家海域动态监管相关的各种法规制度和政策措施全面、及时、准确、便利、安全地公之于众，实现资源沟通与共享，从而使海域监测信息有效地向社会公众发布。

4.6.3.1　首页

首页（导航页）作为信息发布门户的入口，对于网站浏览者和业务使用者起到引导和分流的作用。对于目标明确的用户，搜索功能能够直达目标内容；对于目标相对明确的用户，分类导航功能快速地完成对目标的定位和后续操作引导；对于以网页内容浏览为主，目标性不强的用户，导航页面能一目了然地展示网站内容及功能，同时，设置新闻滚动播放等吸引用户了解点击，进而明确访问目标。首页如图 4-65 所示。

局部导航作为对全局导航的细化补充，能够帮助用户全面浏览网站信息的各个方面。单击任意分类类目，自动展开所属的下级类目，并列出该类目下的所有信息条目。利用下设的语境导航，用户能在确定浏览目标后，在此导航门类下获取更多相关资源。例如，在“国家海域动态监管网”的“海域公报”栏目下就包含使用管理、行政执法、经济统计等方面的链接，起到了很好的语境导航作用。

国家海域动态监管网
National Sea Dynamic Surveillance
网站地图 | 设为首页 | 加入收藏 | 联系我们
2017年6月28日 星期三 16:25:19
搜索
首页
海域使用管理
海域动态监管
海域使用执法
证书查询
政策法规
公众交流
全国 | 辽宁省 河北省 天津市 山东省 江苏省 上海市 浙江省 福建省 广东省 广西区 海南省
通知公告 更多>>
2016年海域使用论证资质...
国家海洋局关于修改《关于进...
国家海洋局关于修订《填海项...
关于开展2015年海域使用...
国家海洋局海域综合管理司关...
国家海洋局关于2015年海...
国家海洋局办公室关于受理海...
国家海洋局办公室关于开展海...
国务院关于印发全国海洋主体...
江苏召开全省海域动态监管上半年座谈会
海域使用审批信息查询
地方监管网
辽宁省 河北省 天津市
山东省 江苏省 上海市
浙江省 福建省 广东省
广西区 海南省
海域项目公告 更多>>
国家海洋局项目用海公告
国家海洋局关于大连港长兴岛...
最新信息 更多>>
[海域动态监管] 连云港市海域使用保护动态管理中心采用... [2017-06-23]
[海域动态监管] 丹东市海洋与渔业局成功完成海域管理与... [2017-06-23]
[海域使用管理] 国家海洋局局长王宏解读《"一带一路"... [2017-06-22]
[海域使用管理] 《国家海洋局关于进一步加强海洋信息化... [2017-06-21]
[海域使用执法] 首架中远程特种海上监测飞机首飞 [2017-06-21]
[海域使用管理] 国家海洋局2016年法治海洋建设情况... [2017-06-20]
[海域动态监管] 孙绍骋一行到国家海洋局调研 [2017-06-15]
[海域使用管理] 国家海洋局副局长房建孟解读全国海洋经... [2017-06-14]
在线调查
您对海域动态监管系统满意吗？
非常满意
满意
不满意
提交 查看
法律法规 更多>>
中华人民共和国深海海底区域资源...
国家海洋局 民政部受权公布我国...
海上风电开发建设管理暂行办法实...
海上风电开发建设管理暂行办法
海域使用权登记办法
学习贯彻
党的十八届六中全会精神
国务院文件 更多>>
国务院关于印发全国海洋主体功能...
国务院办公厅关于同意辽宁省县际...
国务院办公厅关于同意海南省县际...
国务院办公厅关于同意河北省县际...
国务院办公厅关于同意山东省县际...
海域使用管理 国家 地方 更多>>
2017世界海洋日暨全国海洋宣传···
[查看详细]
国家 | 国家海洋局局长王宏解读《"一带... [2017-06-22]
地方 | 广西海域使用管理条例施行顺利 [2017-06-13]
技术规范 更多>>
国家海洋局 工业和信息化部关于...
关于铺设海底电缆管道管理有关事...
国家海洋局关于印发《填海项目竣...
国家能源局 国家海洋局关于印发...
海岸线保护与利用管理办法
海域动态监管 国家 地方 更多>>
江苏召开全省县级海域...
[查看详细]
海域使用执法 国家 地方 更多>>
三沙市边防支队进驻西...
[查看详细]
国家 | 孙绍骋一行到国家海洋局调研 [2017-06-15]
国家 | 国家海洋局出台《指标》力促海... [2017-06-05]
地方 | 连云港市海域使用保护动态管理... [2017-06-23]
地方 | 丹东市海洋与渔业局成功完成海... [2017-06-23]
国家 | 首架中远程特种海上监测飞机首... [2017-06-21]
国家 | 中国海警舰船编队4月24日在... [2017-04-24]
地方 | 威海市开展海上联合执法行动... [2017-04-20]
地方 | 广西防城港海洋局港口分局实地... [2017-02-07]
国家海洋局
中国海洋环境监测网
国家海洋环境监测中心
海域公报 海洋局 使用管理 行政执法 经济统计
[海洋局] 国家海洋局 国家海洋局 国家海洋局 国家海洋局
[使用管理] 2015年 2014年 2013年 2012年
[行政执法] 2010年 2008年 2007年
[经济统计] 2015年 2014年 2013年 2012年
国家海洋技术中心
中国海洋信息网
辽ICP备05008008号

图4-65 首页

4.6.3.2　海域使用管理

海域使用管理栏目对与我国海域实施海域使用管理业务相关的报告、通知、意见、规划等政务工作进行公布和展示，包括国家海洋局、海域综合管理司等海域监管单位所计划或实施的海域使用权登记制度、海域使用统计制度、海洋信息化建设、海洋防灾减灾事业、海域使用论证等内容。海域使用管理信息界面如图 4-66 所示。

图 4-66　海域使用管理信息界面

4.6.3.3　海域动态监管

海域动态监管栏目对与我国海域实施海域动态监管业务相关的规章、机构、体系进行了解读与说明。海域动态监管政策内容涵盖国家层面的相关指标、意见、规划与地方部门的实施、建设成果；海域动态监管机构简要叙述国家海域动态监视监测国家级主管单位——国家海域动态监管中心、国家海域动态监视监测同步数据中心、国家海域动态监视监测网管中心的基本信息；海域动态监管体系针对管理系统业务化运行职责分工、地面监视监测流程及系统总体情况等内容做出相应介绍。

4.6.3.4　海域使用执法

海域使用执法栏目对与我国海域实施执法管理业务相关的海警巡查、联合排查等政务工作进行宣传与通告，全面充分地展现了各级海域执法部门工作向着专业化、规范化、精细化发展，侧重法律适用与执法细节完善的务实态度。海域使用执法地方新闻如图 4-67 所示。

图 4-67　海域使用执法地方新闻

4.6.3.5　政策法规

政策法规栏目集中发布与国家海域动态监管相关的法律法规、国务院文件及相关的技术规范，其发布要求信息内容准确完整、发布及时、格式规范。

政策法规作为我国建设海域动态监视监测工作的事实依据，供海域监管从业人员与社会公众进行查阅学习。

1）法律法规：公示适用于海域动态监管的中华人民共和国现行有效的法律、行政法规、司法解释、地方法规、地方规章、部门规章及其他规范性文件以及相关补充条例等，如图 4-68 所示。

中华人民共和国深海海底区域资源勘探开发法

更新时间：2016-02-29　　来源：国家海洋局

中华人民共和国深海海底区域资源勘探开发法

（2016年2月26日第十二届全国人民代表大会常务委员会第十九次会议通过）

第一章　总则

第一条　为了规范深海海底区域资源勘探、开发活动，推进深海科学技术研究、资源调查，保护海洋环境，促进深海海底区域资源可持续利用，维护人类共同利益，制定本法。

第二条　中华人民共和国的公民、法人或者其他组织从事深海海底区域资源勘探、开发和相关环境保护、科学技术研究、资源调查活动，适用本法。

本法所称深海海底区域，是指中华人民共和国和其他国家管辖范围以外的海床、洋底及其底土。

第三条　深海海底区域资源勘探、开发活动应当坚持和平利用、合作共享、保护环境、维护人类共同利益的原则。

国家保护从事深海海底区域资源勘探、开发和资源调查活动的中华人民共和国公民、法人或者其他组织的正当权益。

图 4-68　法律法规

2）国务院文件：公示适用于海域动态监管的国务院办公厅所下发的党政机关公文，涵盖了各类通知、批复、决议等公文种类，如图 4-69 所示。

国务院办公厅关于同意上海市县际间海域行政区域界线的通知 国办函〔2012〕12 号

更新时间：2012-01-30　　来源：国务院办公厅

上海市人民政府，国土资源部、海洋局：

国土资源部《关于报请批准上海市县际间海域行政区域界线的请示》（国土资发〔2011〕234号）收悉。经国务院同意，现通知如下：

一、国务院同意上海市宝山区和崇明县间等5条县际间海域行政区域界线。

二、上海市人民政府要按照《行政区域界线管理条例》和海洋管理法律法规的规定，落实管理责任，依法加强海域行政区域界线管理，健全维护涉界海域社会稳定的协调机制，及时妥善处理涉海界线纠纷，合理开发利用海洋资源，保护和改善海洋生态环境，促进界线附近海域社会稳定和海洋经济可持续发展。

三、国家海洋局要加强对上海市人民政府海域行政界线管理工作的指导和协调，做好相关督促检查工作。

国务院办公厅

二〇一二年一月二十日

打印本页 关闭窗口

图 4-69　国务院文件

3）技术规范：展示在海域监管过程中，对于设计、施工、制造、检验等技术事项所作出的一系列规定，如图 4-70 所示。

首页 海域使用管理 海域动态监管 海域使用执法 证书查询 政策法规 公众交流
全国 | 辽宁省 河北省 天津市 山东省 江苏省 上海市 浙江省 福建省 广东省 广西区 海南省

您当前所在位置： 网站首页> 海域项目公告 > 详细信息

国家海域使用动态监视监测管理系统传输网络管理办法

更新时间：2008-07-24 来源：国家海洋局

第一条 为保证国家海域使用动态监视监测管理系统传输网络（以下简称传输网络）的正常业务化运行，依据《国家海域使用动态监视监测管理系统总体实施方案》及有关规程，制定本办法。

第二条 传输网络管理主要包括各级传输网络节点有关人员、设备、线路、网络地址、网络安全以及运行维护等内容。

传输网络节点包括各级海域管理部门、国家、省、市海域使用动态监管中心、国家海域使用动态监视监测同步数据中心、国家海域使用动态监视监测网管中心（以下简称国家网管中心）。

第三条 国家海域使用动态监管中心负责传输网络运行的指导和协调；国家网管中心负责传输网络业务化运行管理和技术指导，具体负责网管平台运行、传输网络安全、国家及省级传输网络运行和维护，指导省内传输网络运行；省、市级海域使用动态监管中心负责本级传输网络运行和维护。

第四条 传输网络实行网络管理员运行保障机制，各级海域使用动态监管中心设立网络管理员，并报国家网管中心备案。国家网管中心负责对全国网络管理员进行定期培训。

第五条 网络管理员负责本级传输网络日常运行、维护等管理工作，主要包括：传输网络接入设备的正常运行及维护、管理，传输网络线路和系统的定期巡查，传输网络技术文档和日志档案管理等。

海域使用审批信息查询
请输入海域管理号

地方监管网
辽宁省 河北省 天津市
山东省 江苏省 上海市
浙江省 福建省 广东省
广西区 海南省

国家海洋局
中国海洋环境监测网
国家海洋环境监测中心
国家海洋技术中心
National Ocean Technology Center
中国海洋信息网
国家海洋信息中心

图 4-70 技术规范

4.6.3.6 最新消息

最新消息主要是围绕海域动态监视监测管理重要会议、重大事件、重要活动，开展相同主题的信息整合发布，通常信息类别丰富，信息量大，力求从多角度向社会公众诠释或者报道，需要对信息进行深度加工。其实时发布要求信息主题突出，栏目设置合理；信息发布速度快，更新及时，能够对会议、活动、时间进行实时动态报道；页面布局能够适应专题中不同信息类别发布需要，并与网站风格统一，包括最新信息、焦点信息、通知公告和海域项目公告等。

4.7 信息安全管理

信息安全管理是针对业务软件平台建立安全管理目标，实施安全管理策略及安全控制的方法，信息安全子系统的完善与否直接决定着信息安全管理措施的落地。近期，国家出台了网络安全法律及相关政策，加之国内外网络攻击技术不断升级、形式不断变化，网络安全形势日趋严峻，对网络安全体系提出新挑战。海域业务软件平台覆盖全国沿海近 300 个节点的用户，从建设、运行开始就高度重视信息安全工作，信息安全管理体系实施框架如图 4-71 所示。

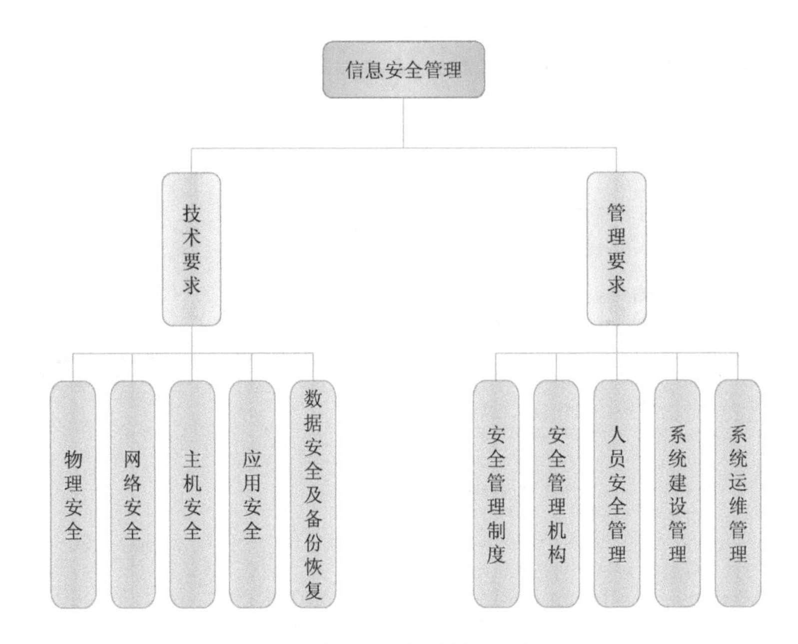

图 4-71　信息安全管理体系实施框架

4.7.1　网络和信息安全工作责任制

成立计算机信息系统安全领导小组，以正式文件形式下发，按照“谁主管，谁负责”的原则，逐级落实责任制。设立信息安全管理人员，扎实开展网络安全相关工作。制定“计算机信息系统安全管理规定”“计算机安全管理细则”“电子邮件系统管理细则”“非涉密移动存储介质管理细则”等一系列管理制度，为网络安全管理提供了坚实的机制及制度保障。

4.7.2　网络安全意识

为切实加强网络安全管理工作，每年通过国家、省以及部分地级市开展网络安全培训课程。通过观看教育警示片、解读现行规章制度、讲解演示技术防范最前沿科技产品和工具等形式，提高业务软件平台用户网络安全意识。同时，组织技术人员参加国家海洋局及地方举办的各类网络安全专题培训，促进和提升相关人员网络安全管理技术能力和科学化管理水平。

4.7.3 网络和信息安全技术防线

专网专用、物理隔离，并采取入网实名制、IP 与 MAC 地址绑定制等措施，提升网络安全能力。配置网站入侵防御系统、Web 应用防护及防篡改系统、漏洞扫描产品和防 DOS 攻击系统，升级改造机房，满足网络安全等级保护有关要求。此外，及时开展信息安全设备升级、数据备份、信息安全等级保护评测等工作。通过持续不断地建设，切实加强网络边界防护能力，提升信息安全技防水平。

4.7.4 网络安全自查

为确保网络安全管理落地，每年定期开展网络安全自查，成立网络安全专项检查组，按照网络安全管理部门要求，对照年度“公安机关网络安全执法检查自查表”开展全面自查，重点对三级等级保护系统全面检查，从设备和资产管理情况、网络安全规划和保护策略制定情况、备案测评风险评估及整改情况、网络管理情况、应用管理情况、数据安全管理情况、运维情况等 20 个方面进行，取得了较好效果。

4.7.5 子系统应用实例

下面以“两地三中心”数据备份安全方案实施为例，详细阐述网络安全中数据备份方面所采用的技术措施和管理措施。工作实施参考了《信息安全技术信息系统灾难恢复规范》(GB/T 20988—2007)，“两地三中心”数据容灾备份示意如图 4-72 所示。

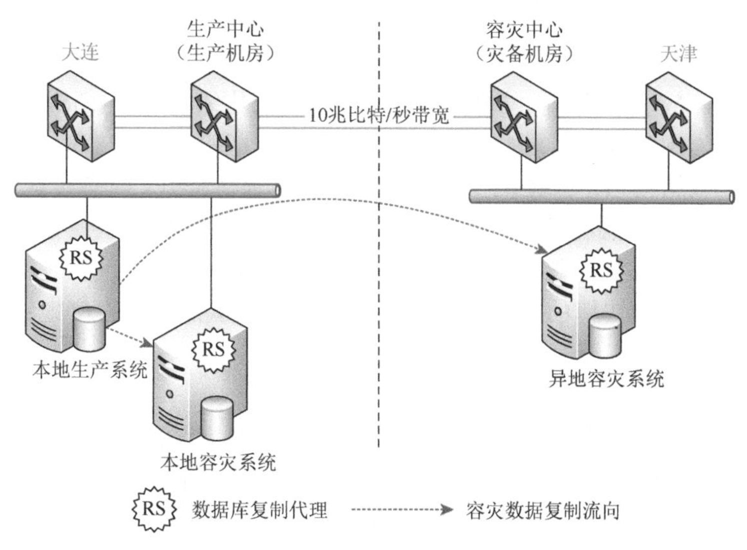

图 4-72 “两地三中心”数据容灾备份示意图

（1）方案实施

数据备份物理位置分别设在大连和天津，大连设置数据生产中心和本地数据备份中心，天津设置异地备份中心。备份数据类型分为文件型和数据库型，数据备份同步方向有 4 个，文件型数据同步相应文件备份服务器，一一对应；数据库型数据同步备份分别向数据备份中心和异地备份中心同时传输数据，如图 4-73 所示。

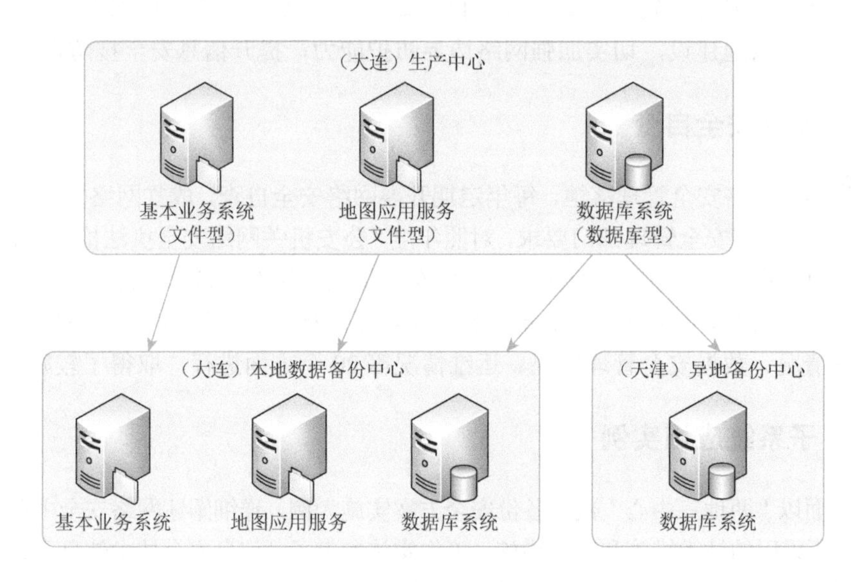

图 4-73　数据备份方向示意图

数据备份技术采用数据块级别与日志分析于一体的增备技术和容灾同步，备份过程中，充分考虑专网网络速度，进行数据流压缩，在 LAN/SAN 传输过程中、存储过程中都保持压缩状态。由于采用了高比例的压缩技术，通常压缩率可达 4∶1，数据读写量大幅减少，备份/恢复速度显著提升。除了实现全库恢复、文件恢复外，还实现了表空间恢复、数据块恢复、表恢复，以及指定时间点恢复、最新时间点恢复、备份时间点恢复等多种恢复方式，出现各种故障时，能够找到最直接、最快捷的方式恢复或者修复错误，从而最大限度地缩短恢复所需时间。

（2）应急方案演练

模拟发生故障情况下的业务平台软件数据备份容灾过程，以此检验在此过程中的人员配合、处理流程、技术手段及软件状态等方面的有效性和可用性，促进制度完善和强化应对信息系统故障的反应能力和风险抵抗能力。

考虑容灾演练本身会对系统造成影响（业务短期内停顿，可能会有意外操作发生等)，容灾演练以一年一次的频率开展，具体演练流程如图 4-74 所示。每次设计不同的情景，如网络中断、存储崩溃、火灾或者漏水、数据库无法响应，安排必要的条件，检验备份容灾系统的可用性和容灾流程的有效性。通过演练进一步完善应急方案和技术手段。

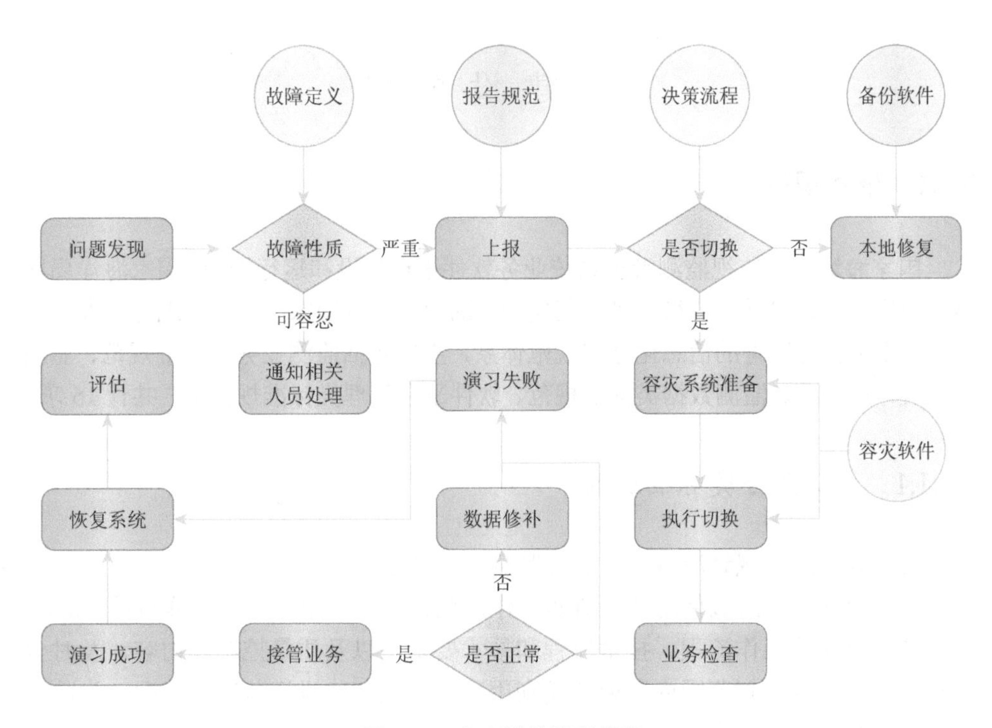

图 4-74 方案演练流程框架

第 5 章　成果与成效

5.1　建 设 成 果

5.1.1　技术规范

国家海域动态监视监测管理系统业务软件平台建设和运行期间，国家海洋局严格按照标准规范设计，遵循了“规范先行”的原则，以国家、行业和地方标准为依据，建立了较为完善的信息化标准规范体系，主要包括监测业务类标准规范、监测技术类标准规范、监测数据类标准规范、软件平台管理类标准规范等，共计 15 项。

5.1.1.1　监测业务类标准规范

（1）区域用海规划海域使用动态监测工作规范

区域用海规划海域使用动态监测工作规范包括区域用海规划开展事前、事中、事后监视监测的工作流程、技术流程和技术要求，以及质量控制等内容，及时全面掌握区域用海规划范围内海域开发利用现状情况和建设运营实施情况，为政府领导科学决策，进一步提升海域管控水平提供技术支持，促进海域资源集约节约利用，推进海洋生态文明建设。

（2）海域使用疑点疑区工作规范

海域使用疑点疑区工作规范包括监测流程、监测技术要求、组织实施及质量控制等内容，促进海域使用疑点疑区监测工作的规范化、制度化，及时发现并有效遏制违法违规用海行为，提高海域综合管控能力。利用卫星遥感、航空遥感、地面监测为主的现代技术手段，及时监测发现填海、围海和构筑物等海域使用疑点疑区，为海域综合管理和海监执法提供真实有效的信息，确保用海秩序。

（3）建设项目海域使用动态监视监测工作规范

建设项目海域使用动态监视监测工作规范包括监测流程、技术要求及质量控制等内容，达到了加强建设项目海域使用动态监视监测工作，规范监视监测内容，提高监测数据和成果质量的效果，全面掌握项目用海建设实施进展和实际开发利用状况，及时发现和防范用海活动对周边海域造成重大不利影响，促进海域资源集约节约利用和有效保护，提升建设项目海域使用事中事后监管能力，切实维护海域使用秩序，有效遏制违法违规用海行为。

（4）海域使用权属核查技术规程

海域使用权属核查技术规程规定了海域使用权属核查的内容、方法和要求，适用于中华人民共和国领海、内水范围内的海域使用权属核查。并以此来指导海域使用权属核查工作，使各级政府和海洋部门及时准确掌握海域使用权属数据，从而更好地履行海洋综合管理职责，为实现海域精细化管理提供技术依据。

（5）海岸线动态监测技术规程

海岸线位置和长度等是我国海洋综合管理的重要基础数据。为保证海岸线卫星遥感提取工作的顺利进行，获取准确、翔实的海岸线数据信息，掌握每年海岸线变化情况，依据《海岸带调查技术规程》和《海岸线修测技术规程》的规定，制订海岸线动态监测技术规程。

5.1.1.2　监测技术类标准规范

（1）海域卫星遥感动态监测技术规程

海域卫星遥感动态监测以海域管理业务数据为基础，运用遥感图像处理与识别技术，从遥感影像中提取变化信息，从而达到对在建工程、养殖用海、风电用海等海域使用动态变化情况做定期监测的目的。海域卫星遥感动态监测技术规程规定了海域卫星遥感动态监测的基本内容、流程、技术要求和方法，适用于国家海域动态监视监测管理系统中的卫星遥感动态监测业务。

（2）海域使用分类遥感判别技术规程

海域使用分类遥感判别技术规程适用于国家海域动态监视监测管理系统中的海域使用遥感监测业务，规定了海域使用遥感分类体系、分类依据和分类判别方法，用于指导利用卫星、航空、无人机等光学遥感影像对用海地物、用海单元、海域使用类型、用海方式和用海动态等的判别。

（3）海域无人机遥感监测技术规程

海域无人机遥感监测技术规程介绍了无人机航摄遥感系统、队伍组成，明确了航摄作业指导注意事项及数据处理及入库要求，补充了卫星遥感、中高空航摄遥感监测，为重点区域海洋遥感监测提供了一条有效而可行的新途径，基本能够满足动态监测和海域管理的要求，同时为海域海洋综合管理发挥重要的推动作用。

（4）海域无人机数据处理技术规程

海域无人机数据处理技术规程，包括无人机数据处理的流程和数据要求、像控点联测及空三加密要求、DEM及正射影像DOM制作要求、质量措施等，为海域无人机数据处理提供参考。

5.1.1.3 监测数据类标准规范

（1）海域管理基础数据体系

海域管理基础数据体系在国家海域动态监视监测管理系统现有数据框架结构下，对各类海域基础数据与专题数据的一体化整合和统一管理，构建数据标准统一、内容全面、更新及时、共享服务完善的基础数据体系，为海域管理提供数据保障与决策支持。海域管理基础数据体系建设项目包括海域使用权属数据、公共用海数据、海域资源环境基础数据、海岸带调查数据、海岛调查数据等的收集整理入库。

（2）数据分类与编码标准

国家海域动态监视监测管理系统数据分类与编码标准是对国家海域动态监视监测管理系统数据进行科学的分类，将具有某种共同特征的数据归并在一起，然后按照一定规则进行编码，使之能够进行计算机或人工识别与处理，保证数据得到有效的管理，并能够支持高效率的共享与应用服务。

（3）监测成果元数据标准

监测成果元数据标准规范了系统元数据，对通用元数据进行了定义，并制定了元数据的可扩展规则，旨在为海洋基础地理、遥感影像、海域管理、动态监视监测和决策支持成果等数据提供管理基础。

（4）数据接口标准

数据接口标准针对业务软件平台内的海洋功能区划、海域使用权属、遥感影像、区域用海规划、海域基础地理、资源环境基础、海域管理业务等数据，规定统一数据输入与输出的技术要求、接口方式、数据格式、数据质量要求等内容。

5.1.1.4 软件平台管理类标准规范

（1）系统数据管理办法

为了加强国家海域动态监视监测管理系统数据管理，规范数据的收集、保管和使用等工作，促进数据的共享和合理使用，满足海域管理需要，依据《国家海域动态监视监测管理系统总体实施方案》制定数据管理办法，适用于国家海域动态监视监测管理系统数据的收集、保管和使用。

（2）系统安全管理办法

为了加强国家海域动态监视监测管理系统的安全管理，确保系统安全、稳定、高效运行，依据《中华人民共和国计算机信息系统安全保护条例》《国家海洋局信息系统安全管理办法（草案）》《国家海域使用动态监视监测管理系统运行管理办法》等相关规定，制定国家海域动态监视监测管理系统安全管理办法。

5.1.2　信息平台

按照“需求主导、服务管理”的原则开展业务软件平台研发，开发设计了一套可定制、模块化、接口灵活的平台软件，形成了海域行政管理、海域动态监测、视频监控系统、视频会议系统、公文传输系统、人员管理系统、专网管理系统、地方附加系统 8 个应用子系统，初步具备了监视监测、业务管理、决策支持、信息服务和视频会议五大功能，获得了丰富的业务成果和技术成果。

5.1.2.1　业务成果

依托系统软件平台，为海域管理部门提供决策支持服务，为海域空间资源提供动态监测服务。在海域管理方面，通过平台实现了海洋功能区划和区域用海规划管理、权属数据管理、证书统一配号、海域使用统计、围填海计划台账管理、海域专题图管理，设置海域使用动态监测专题报告自动生成功能，实现了全国海域动态监视监测统计报告及全国海域使用情况月报的自动编制功能。同时建设了“国家海域动态监管网”门户网站，为海域管理服务提供对外信息宣传服务。在监测业务方面，通过平台实现了区域用海规划、疑点疑区、岸线、重点项目、待批项目等动态监视监测的管理，为动态监视监测提供了卫星遥感监测、现场监测、视频监控等多种方式监测成果的管理，编制年度业务成果近百余份，主要包括全国围填海遥感监测分析报告、全国海域使用疑点疑区监测月报、全国海域使用情况月报、全国区域用海规划遥感监测报告、全国海岸线动态监测对比分析工作报告、全国沿海规划及重点产业项目用海布局图集等。截至 2018 年 1 月，系统软件已实现了国家、省两级部署与同步，用户覆盖四级监管中心与海域管理部门，用户数量已达几千人，为海域管理核心业务提供了信息化支撑。

5.1.2.2　技术成果

业务软件平台在技术上，构建了基于 B/S 架构的电子证书配号方法的海域权属管理模式，实现了基于单点登录（SSO）技术的系统集成整合，分级部署与数据差异化同步技术的多级系统一体化管理，建立了多级缓存结构，提高海量数据访问性能，建设了基于云架构模式的海域基础地理云服务平台。截至 2018 年 1 月，基于平台建设与研发，取得了专利 1 项，软件著作权 7 项，发表重要的学术论文 10 余篇，获得省部级科技奖励 7 项。

5.1.3 海域数据库

国家海域动态监视监测管理系统业务软件平台经过近 10 年（2009～2018 年）的运行，海域数据库内容不断充实，截至 2018 年 1 月，已完成全国近 10 万宗海域使用权属数据的整理入库，建立了 1993 年以来覆盖沿海的低分辨率卫星、中高分辨率卫星、航空、无人机遥感影像数据库，数据量超过 50 太，每年还会产生 10 太的新增数据。为提供丰富、准确、实时的数据，以业务为切面对数据库进行了垂直分割，将其分为基础地理数据、遥感影像数据、海域使用管理数据以及动态监测数据。

5.1.3.1 基础地理数据

基础地理数据包括基础信息、海域界线和海岸线数据。基础信息方面主要整合“天地图”数据，内容包括行政区界、海岸线、海洋陆地面、水深点、水系、居民地等基础信息。海域界线方面包括省、市、县海域管理界线，内容包括界线名称、界线位置。海岸线方面包括沿海省（自治区、直辖市）修测的政府公开发布的海岸线，内容包括海岸线位置、长度和类型。此外，基础地理数据还包括我国已公开领海基点、领海基线数据。

5.1.3.2 遥感影像数据

遥感影像主要包括低分辨率卫星遥感影像、中高分辨率卫星遥感影像和航空、无人机遥感影像。

低分辨率卫星遥感影像用于对全国沿海进行宏观监测，分辨率 10～30 米，主要卫星源包括环境、高分、中巴、Landsat 等。影像更新频率为每半年更新一次，2014 年后，每季度更新一次。监测范围时相为 1990 年至今的近岸海域数据。

中高分辨率卫星遥感影像用于对内水及领海海域进行监测，分辨率 2～5 米，主要卫星源包括高分、天绘、资源、SPOT5/6/7、RapidEye 等。影像更新频率为每年一次，监测范围时相为 2012 年至今近岸海域数据。

航空、无人机遥感影像用于对近岸重点海域进行监测。2013 年以前主要为有人机的航空遥感影像数据，分辨率 1 米左右；2013 年以后主要为无人机航空遥感影像数据，分辨率 0.5 米左右，每年飞行作业面积约 500 平方千米。

5.1.3.3 海域使用管理数据

海域使用管理数据主要包括海洋功能区划、区域用海规划、围填海计划指标、海域使用权属、海域使用金、海域使用统计、海底电缆管道等海域管理业务所需的数据。

海洋功能区划数据包括沿海各省级海洋功能区划，数据内容包含全国海洋功能区划位置、批复文件、区划文本、登记表、区划图件、编制说明、研究报告等。

区域用海规划数据分为区域建设用海规划和区域农业围垦用海规划两类数据，主要内容包括区域用海规划期限、分区、位置、批复文件和图件等信息。

围填海计划指标数据分为建设用围填海计划指标和农业用围填海计划指标两类数据，主要内容包括围填海计划指标执行情况表、安排情况表、核减情况表等统计表。

海域使用权属数据包括各级海洋行政主管部门审批的用海项目，主要内容包括海域使用权属信息、位置信息、图件、批复文件等原件扫描件。

海域使用金数据包括海域使用金缴纳及减免数据，主要内容包括国家、地方历年缴纳及减免海域使用金详细情况和缴纳证明等信息。

海域使用统计数据为海域使用统计制度中明确的 13 张报表数据，具体包括用海项目确权情况、变更情况、注销情况、招标拍卖情况、抵押情况、临时用海管理情况、区域规划公共设施登记情况、海域使用金征收情况、海域使用金减免情况等信息。

海底电缆管道数据包括海上油气平台和海底电缆管道，主要内容包括海上油气平台和海底电缆管道位置、路由调查批复文件、海底电缆管道信息调查表及三维模型等。

5.1.3.4　动态监测数据

动态监测数据包括区域用海规划监测、重点项目监测、疑点疑区监测、待批项目监测、视频图像监控等，主要内容为监测报告、监测空间数据、属性数据和多媒体数据等。

动态监测数据包括地面监视监测和视频监控。地面监测主要进行待批项目监测、重点项目监测、区域用海规划监测和疑点疑区监测，数据内容包括监测任务类型、监测时间、监测单位和监测报告等。视频监控主要为全国重点岸段 500 余个视频监控点拍摄的视频监控图像。

5.2　运行成效

国家海域动态监视监测管理系统业务软件平台边建设边运行，自 2009 年以来，国家及地方各地节点不断拓展应用服务领域，创新了海域管理机制，优化了管理流程，极大地提高了海域综合管理的网络化、信息化、规范化和科学化水平。截至 2018 年 1 月，业务软件平台与行政管理结合日趋紧密，在海域管理和执法工作中得到广泛应用和认可，是海域管理和执法不可或缺的技术支撑和决策支持服务平台。

（1）改进海域管理方式

海域动态基本业务系统软件的业务化运行，大大改进了海域开发利用监管的方法和手段，实现了两大转变：一是由主要依靠现场巡查的方式转变为卫星遥感、航空遥感、无人机航拍、远程视频监控、现场测量等多种手段并行的方式，实现了对我国近岸海域的立体实时监测；二是海域管理从“一支笔、一张纸”转向现代化信息手段，从分散管理走向集中管理，大大提高了工作效率，有效减少了管理不规范的问题。

（2）深化海域管理内涵

通过系统的实施，海域管理部门能够全面及时掌握全国实际用海信息。海域动态监测作为基础性工作，参与海域使用事前、事中、事后整个过程，实现了从重审批轻监管到审批与监管并重的转变，贯彻落实了国家对行政管理“要由事前审批更多地转为事中事后监管”的要求，海域管理制度得到有效的实施。

（3）提高科学决策水平

各级海域管理部门利用系统开展项目用海分析，为海域使用申请审核提供辅助决策支持，定期开展海域专题分析评价，作为海域管理政策制定的依据，海域管理过程中涉及的海域使用界址确定、面积测量、图件制作等工作规范性和准确性得到较大提高。通过对监测数据进行数据挖掘和综合分析评价，完成海岸线变迁分析、围填海强度变化趋势评价、用海结构分析评价等专题研究成果，提高了海域管理的辅助决策服务水平。

（4）提升综合管控能力

各级海洋主管部门利用系统开展了海域使用权证书统一配号、海域权属管理、围填海计划台账管理、海域使用统计等海域管理业务，依托卫星和航空遥感手段及时掌握了全国海域使用状况的宏观变化和疑点疑区情况，通过现场监测手段及时掌握项目用海的全过程及其对周边海域的影响，采用远程视频监控实时掌握了用海项目的现场情况，全面提升了海域综合管控能力，同时提升了公众服务能力。

第 6 章　节点建设与应用

6.1　辽宁省海域监管业务系统建设与应用

辽宁省海洋与渔业厅［现辽宁省自然资源厅（海洋管理）］充分利用国家海域动态监视监测管理系统业务软件辽宁节点的软硬件基础设备及数据基础等现有资源，建立并逐渐完善辽宁省自己的特色海域监测管理系统，用于辽宁省省-市-县三级工作人员进行海域管理、生态保护、海监执法等工作，该系统通过对辽宁省用海项目的全过程动态监管，并在海域监管中有效地推行“三清单一台账一销号”制度，实现对辽宁省海域监测的综合展示和高效管控，为海域精细化管理提供了客观、准确、翔实的基础数据，为海域审批决策、海监执法提供了有效的技术支撑，为进一步提升全省海域综合管理能力、促进海洋管理科学决策、推动辽宁省智慧海洋建设提供专业化信息服务。

辽宁省海域监管业务系统自建设与运行以来，利用卫星遥感、航空遥感、远程监控、现场监测等手段，对辽宁省海域开展了立体、实时监测，积累了大量遥感影像、海域管理数据和海域动态监视监测数据，同时实现了国家-省-市-县四级海域专网连通，有效地推动了辽宁省海域的开发管理和海洋经济的科学发展。

6.1.1　用海项目的全过程监管

辽宁省海域监管业务系统通过对辽宁省省管海域项目进行立体、实时监测和全程掌控，对海域专题数据进行综合管理和有效利用，在海域使用现状、海洋功能区划等海洋空间资源开发和保护等领域为管理部门提供信息服务和决策支持，实现了对辽宁省海域使用全过程的高效监管，从海域项目的申请、运行实施到海域项目的结束、监测任务的完结，开展了对辽宁省用海项目的全过程动态监管，全面掌控了辽宁省省-市-县三级的海域开发进展情况，动态掌握了海域项目用海的整个流程，是辽宁省加强海洋综合管控能力，促进全省智慧海洋建设的具体体现。辽宁省海域全过程监视监测业务流程如图 6-1 所示。

6.1.2　“三清单一台账一销号”制度

辽宁省海域监管业务系统以“三清单一台账一销号”制度为基础，在辽宁省

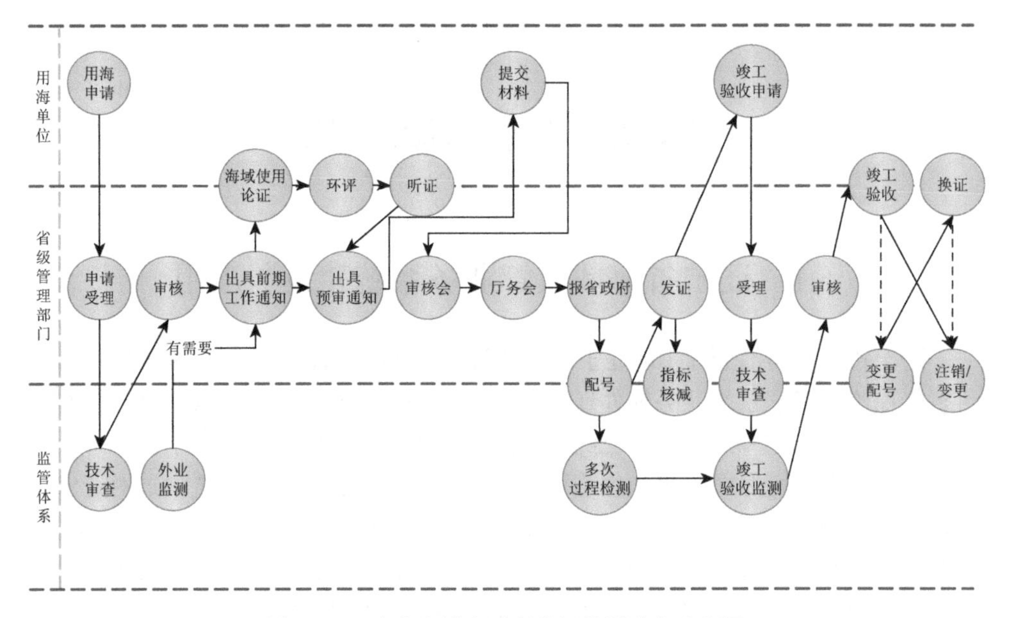

图 6-1　辽宁省海域全过程监视监测业务流程图

海域监管中，成功实现了责任清单（部门、岗位、个人），任务清单（全年、阶段、重点），问题清单（责任落实不力、任务推进困难），工作台账（每天记录工作日志）和办结销号（对照、总结、分析、自评）的系统化、信息化管理，实现了“三清单一台账一销号”管理模式，明晰了辽宁省海域监管业务，落实了海域监管职责，切实做到了“事有人管、活有人干、责有人担”，全面履职尽责，提高了执行力和海域监管效率，为辽宁省海域的开发管理和海监执法提供技术支持。责任清单界面和项目台账界面分别如图 6-2 和图 6-3 所示。

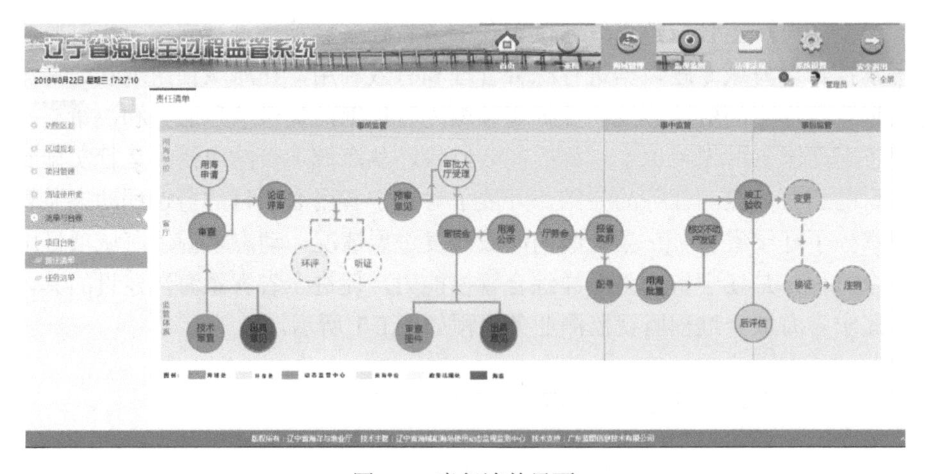

图 6-2　责任清单界面

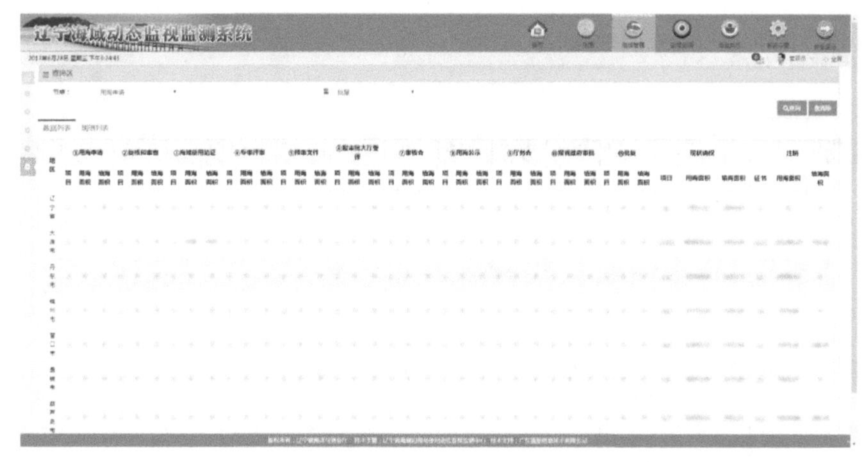

图 6-3　项目台账界面

6.2　江苏省海域监管业务系统建设与应用

江苏海洋综合管控系统于 2012 年底开始建设，于 2013 年初开始上线，系统依托于国家海域监视监测管理系统业务软件江苏省节点已有成果并拓展江苏省自身特色业务系统。

2015 年江苏海洋综合管控系统进行了升级改造，搭建了江苏省海洋综合管控业务平台，将原有江苏省海域使用地面监视监测系统改造为监视监测模块。该模块保留原有功能，同时与国家海域动态监视监测管理系统可进行监视监测数据上传、下载。而该系统也同时集成了江苏上述已建成的多个特色系统，实现了统一登录，解决各特色系统的应用分离、技术架构不统一等问题，实现基于权限角色管理的可定制、模块化的综合管控平台，作为江苏省渔业管理、海洋保护、海监执法等信息化的基础框架。

海洋综合管控系统以海洋管理和社会需求为导向，开发设计了一套可定制、模块化、接口灵活业务集成平台，涵盖了海洋经济、海域和海岛管理、海域动态监视监测、渔业管理、资源环境和海监执法等 12 类业务工作，150 项工作任务。

海洋综合管控系统业务化运行以来，以“精细化监测、立体化监管”为目标，完善运行机制，深化监测业务，形成了江苏省三级海洋管理部门“一个门户”，各类海洋数据“一张图”，各业务体系“一套标准”。

6.2.1　江苏省海洋管理的“一个门户”

将各个子系统（$3+7+2+N$）整合到统一的平台中，改变多系统、多登录、多操作、互不通的分散模式，实现系统平台的统一化管理。门户界面如图 6-4 所示。

陆海统筹 江海联动
个人门户
2018年8月22日 星期三 8:56:39
管理员
管控动态
2011年-2020年海洋功能区划指标管控
34.0%
42.0%
71.3%
9%
10.0%
1.3%
万公顷
建设围填海
千米
自然岸线保有率
万公顷
养殖功能区
平方公里
保护区
万公顷
保留区
公里
整治岸线修复
数据动态
区域建设用海规划开发强度
开发强度（%）
已开发面积（公顷）
2014
2015
2016
2017
2018
项目落户年份
规划名称
落户项目个数
已开发面积
已确权面积
规划总面积
开发强度
南通市滨海园区三夹沙临港工业区区域建设用海规划
如东洋口渔港经济区用海总体规划
大丰市港区北片区域建设用海总体规划
启东市吕四渔港经济区区域建设用海规划
启东市滨海工业集中区综合配套服务功能区用海总体规划
配号情况
面积（公顷）
证书(本)
2018年3月
4月
5月
6月
7月
8月
月份
月份
证书(本)
面积(公顷)
填海面积(公顷)
投资额(亿元)
海域使用金(万元)
2018-08
2018-07
2018-06
2018-05
2018-04
私人定制
任务统计（重点项目监测）
项目用海分析
2016年预审项目情况
任务统计（区域规划监测）
项
宗
宗
共62281公顷
数据挖掘
区域规划专题
海岸线专题
海域权属专题
建设围填海专题
功能区划结构
专题展示
功能区划开发利用率
区域用海规划分布图
海域确权时序图
到期未注销用海示意图
滩涂围垦现状专题图
滩涂围垦规划专题图
版权所有：江苏省海洋与渔业局　技术主管：江苏省海域使用动态监视监测中心　技术支持：广东南图信息技术有限公司

图 6-4　门户界面

6.2.2　江苏省海洋管理“一张图”

江苏省海洋综合管控系统，涵盖了近 10 年（2009～2018 年）的海域遥感影像，全省海域使用确权数据，江苏省全部海岛数据，自新石器时期以来的海岸线演变数据，海洋功能区划数据，区域用海规划数据，勘界数据，滩涂围垦数据，辐射沙脊群数据，海域三维实景数据，海洋环境数据和海洋执法监察数据等。依据时间和空间框架对数据资源整合，形成不同的地图图层，统一坐标系和符号化表达，实现了各类数据的统一管理，形成江苏省海洋综合管理“一张图”，如图 6-5 所示。

图 6-5　“一张图”界面

6.2.3　江苏省海洋管理各业务体系“一套标准”

江苏省海洋管理各业务体系“一套标准”主要包括综合管控、全过程监管、监视监测、诚信评估、疑点疑区等。

江苏海洋综合管控系统对围填海指标管控、自然岸线保有率、养殖功能区指标管控、保护区指标管控、保留区指标管控、岸线整治修复、海水质量监测达标率等管控指标进行分析，实现了真正意义上的“管”与“控”，促进海洋生态文明建设，提高海域资源利用效率，如图 6-6～图 6-8 所示。

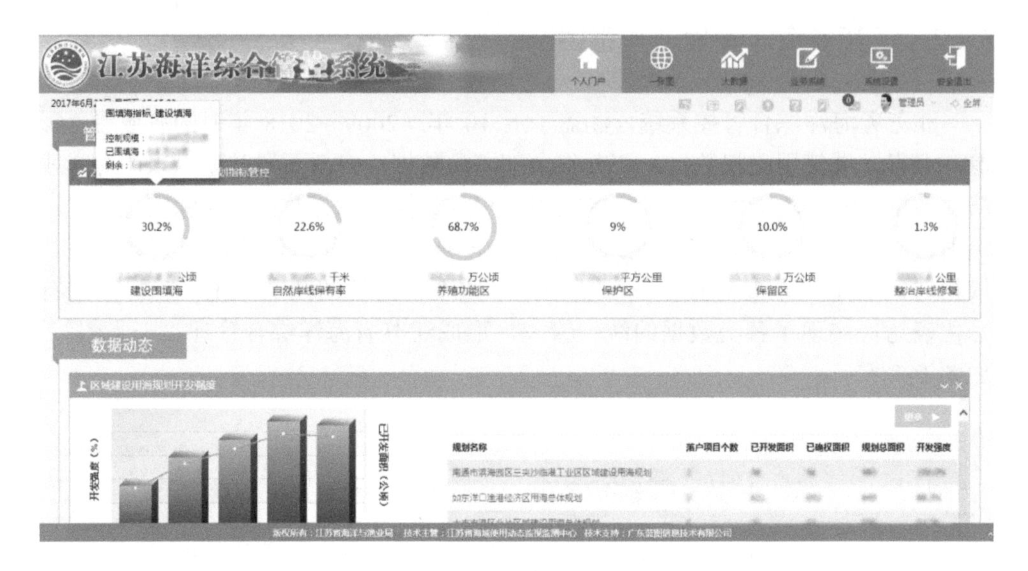

图 6-6　管控指标界面

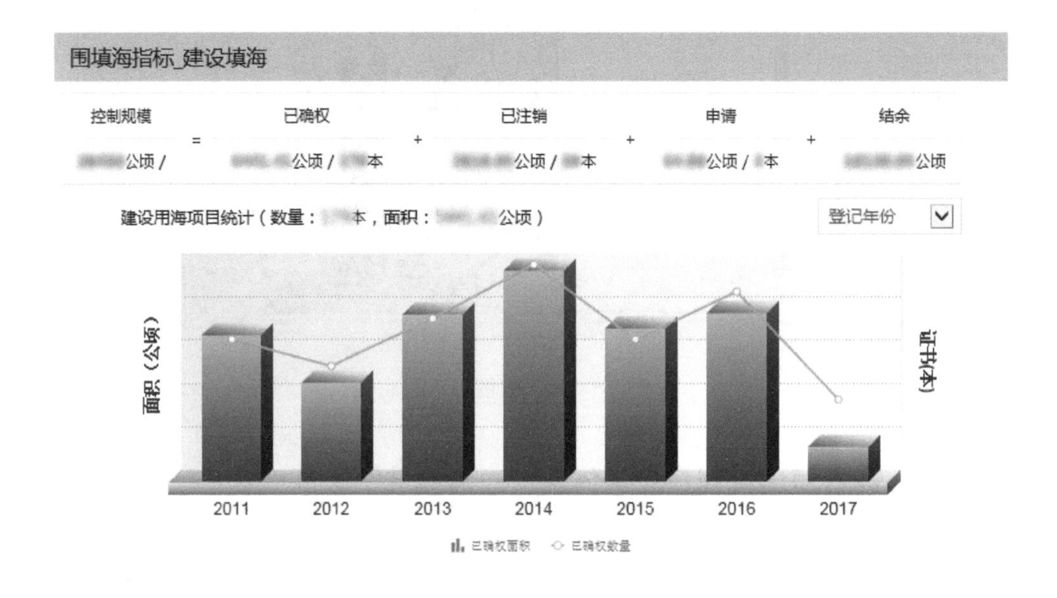

图 6-7　围填海管控指标界面

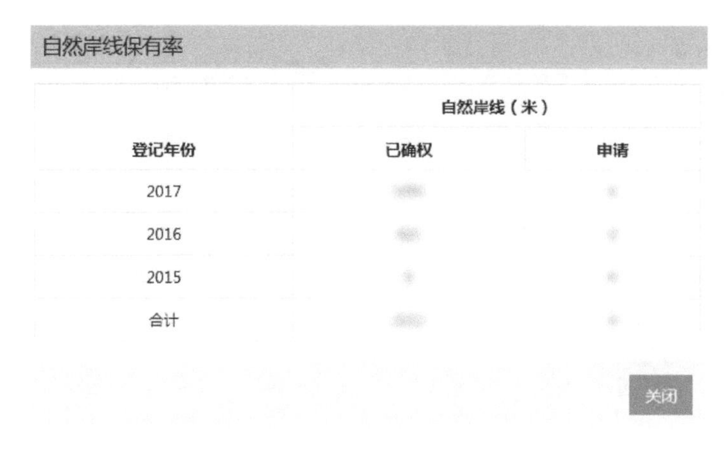
自然岸线保有率

登记年份	自然岸线（米）	
	已确权	申请
2017	[illegible]	[illegible]
2016	[illegible]	[illegible]
2015	[illegible]	[illegible]
合计	[illegible]	[illegible]

关闭

图 6-8　自然岸线保有率管控指标界面

6.3　广东省海域监管业务系统建设与应用

广东省海洋与渔业厅海域综合管理系统于 2013 年 11 月开始建设，于 2014 年 5 月开始上线，系统依托于国家海域监视监测管理系统业务软件广东省节点已有成果，并拓展广东省自身特色业务，广东省海洋与渔业厅海域综合管理系统的建设推进了海域综合管理工作，全面提升了系统应用水平和服务能力，为建设广东省数字海洋，实现海域管理科学化、信息化提供有力保障。

6.3.1　系统主要功能

海域综合管理系统主要包括海域移动/离线管理子系统、项目制图子系统、数据智能挖掘子系统、台账管理子系统等功能，如图 6-9 所示。

1）海域移动/离线管理子系统：主要基于移动平板工作站展示区域用海、海域权属等基础海域使用数据，同时用项目审核委员会可以基于平板进行项目评审，并将评审结果上传到海域综合管理子系统，保持数据实时双向交互，项目审核流程和项目评审分别如图 6-10 和图 6-11 所示。

2）项目制图子系统：为了简化制图操作流程，规范出图标准，研发项目制图子系统，实现宗海位置图、用海示意图、遥感影像示意图、平面布置示意图、毗邻海域确权现状图、宗海位置对比图、采砂位置图等专题图制作。项目制图界面如图 6-12 所示。

3）数据智能挖掘子系统：主要是借鉴数据分析评价模型，进一步整合已有的涉海数据，通过时空信息分析，反映项目用海、区域用海的动态发展变化过程，因此决策支持子系统的基础是通过数据分析评价模型来支撑。数据智能挖掘子系

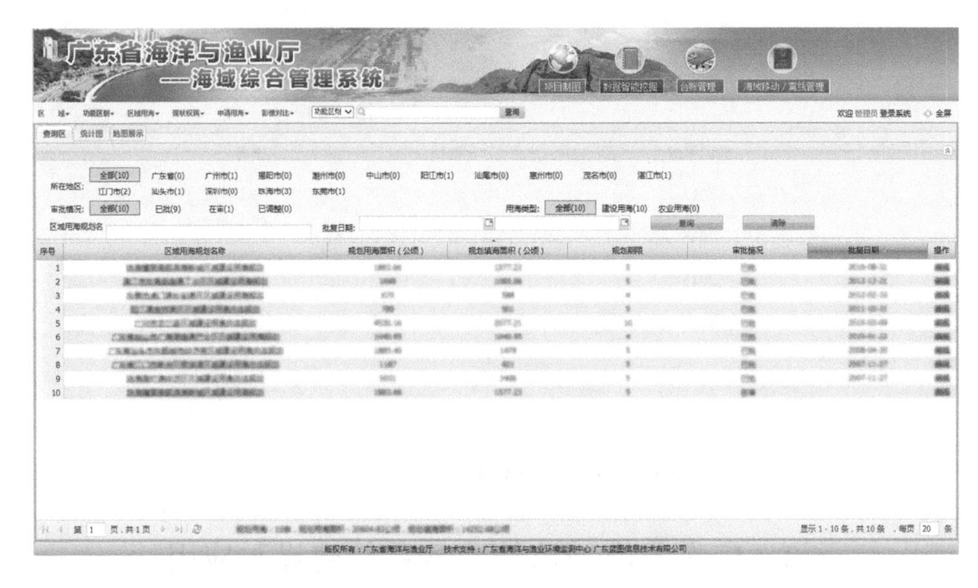

图 6-9　海洋功能区划可视化管理界面

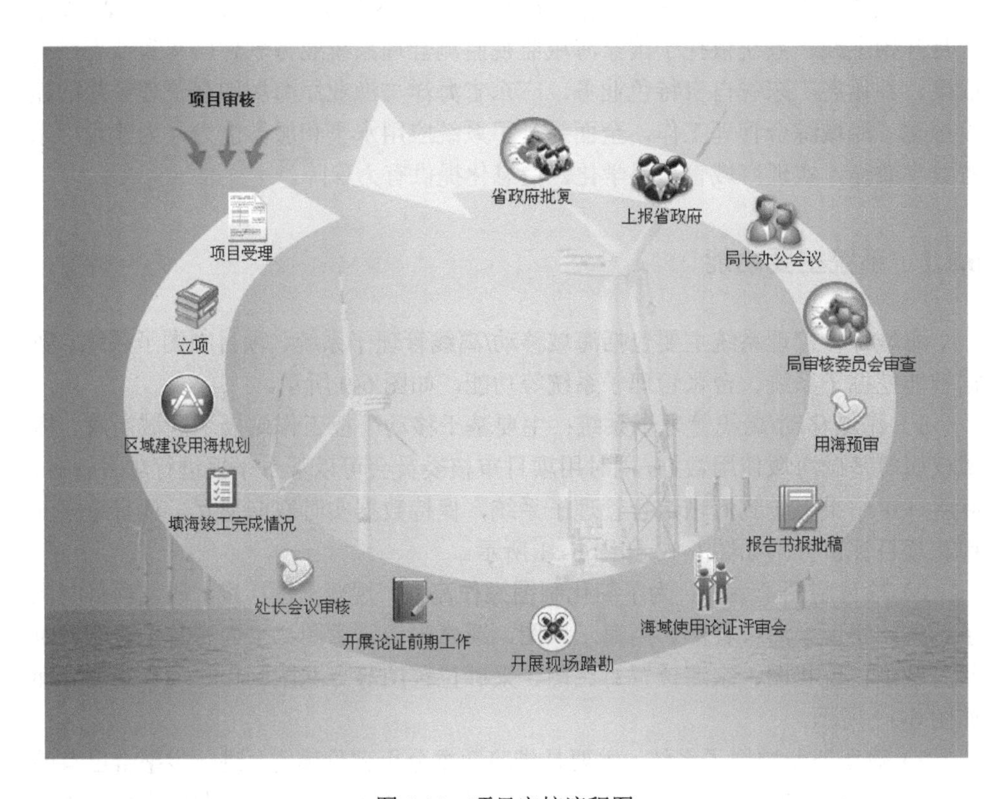

图 6-10　项目审核流程图

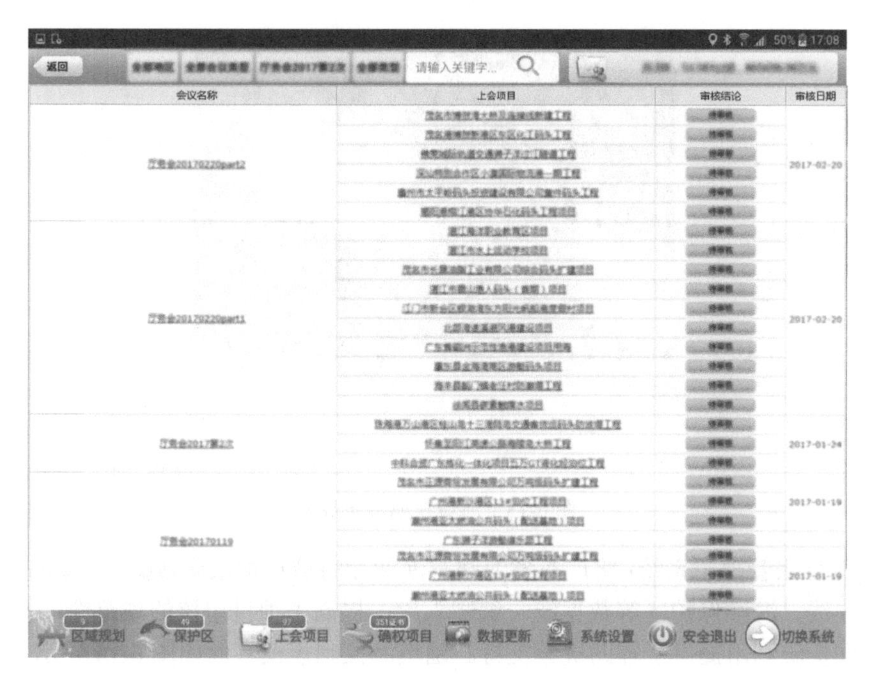

图 6-11　项目评审界面

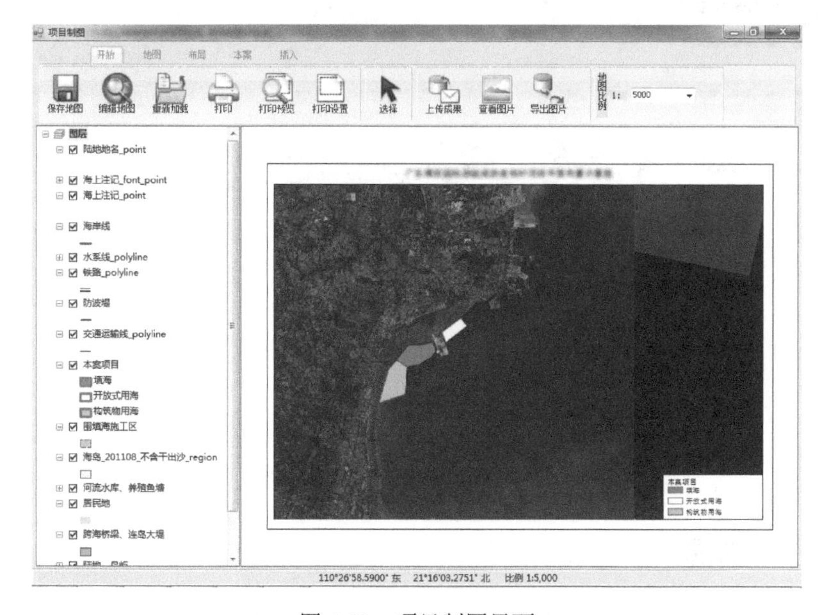

图 6-12　项目制图界面

统包括产业结构分析、海域权属分析、海洋功能区划分析、海洋经济分析等单一专题分析及融合交叉分析。海域权属分析界面如图 6-13 所示。

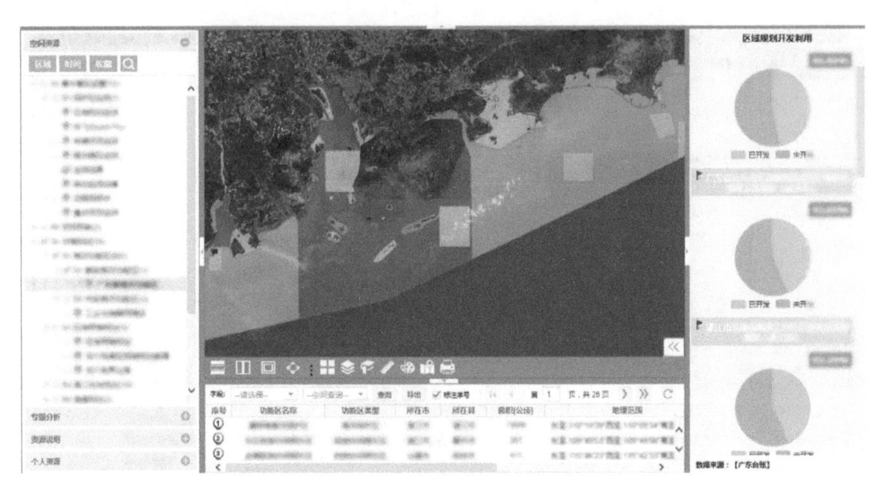

图 6-13　海域权属分析界面

4）台账管理子系统：将广东省海洋与渔业厅海域审批纸质数据、围填海数据、自然岸线、海洋保护区等数据统一编制入库，提高了项目审核的规范性，并为海域空间资源利用提供了辅助决策支持。围填海控制规模界面如图 6-14 所示。

图 6-14　围填海控制规模界面

6.3.2　主要成果

广东省海洋与渔业厅海域综合管理系统上线后，为省海域管理提升了一个大的台阶，主要取得以下成果。

1）建立了广东省海域综合管理基础信息化框架，涵盖了海洋功能、区域用海管理、围填海计划、海域权属管理等各个方面。

2）积累了大量海域管理相关业务化数据，包括广东省 2012 年海洋功能区划、广东省区域用海数据、广东省全省现状用海数据、项目审批信息、岸线使用情况、自然保护区数据等。

3）规范了用海项目专题图制作，包括用海位置图、用海示意图等。

4）建立了海域申请项目专家移动评审，开创了国内海域项目评审无纸化的先河。

6.4　海南省海域监管业务系统建设与应用

海南省海洋管理信息化建设工作从 2006 年开始，2007 年率先在全国试点建设基础上建立海南省海域使用动态监视监测管理系统并投入业务化运行。后续在国家海域动态监视监测管理系统业务软件基础上又研发了南海海域监视监测综合业务信息系统，该系统分为决策分析子系统和海域制图管理子系统两大子系统，通过海南省市县各级海域监视监测的任务下达、过程管理、成果归档、智能制图和成果展示等功能，实现海南省市县各级海域管理、监视监测、海域制图、海域使用情况评价分析等业务信息化管理，并实现了与国家海域动态监视监测管理系统业务软件海南节点的互补性和连通性。

6.4.1　海南省海域多源数据的集中展示

在基础设施支撑下，南海海域监视监测综合业务信息系统对不同类别、不同专业的海量、多源、异构产业相关数据进行梳理、整理、重组、合并等，利用提取、转换和加载工具及必要的手段，将处理、加工好的海域各类数据按照统一的建库标准进行入库，形成海南省海域监视监测综合业务信息系统综合数据库，并与国家海域动态监视监测管理系统业务软件海南节点进行接口连通，实现了海南省省-市-县海域多源业务数据的共享和集中展示，为海南省海域的科学开发和综合管控提供技术服务和数据支撑，推动海南省海洋经济的健康发展。

6.4.2　海南省海域管理决策科学化

海南海域监视监测综合业务信息系统决策分析子系统集公共用海数据、涉海规划和统计数据、权属数据和监测数据等多种业务数据于一体，以数据交换平台为基础，运用数据库同步技术、网络技术及地理信息技术等，完成综合展示、决策分析、海域管理、监视监测、数据交互等多个模块组成的集成软件架构，通过对数据信息的整合、空间分析和有效利用，实现海南省陆域规划与海洋功能区划的多规合一，在海域使用现状、海洋功能区划、海岸带等海洋空间资源开发和生态领域提供深层次的技术服务，实现海南省省-市-县三级监视监测业务数据的上传下达和数据共享，为海南省海域的科学开发、有效管理提供智能化、信息化的数据支持和决策辅助，推动海南省海域管理决策科学化。

6.4.3　海南省动态监视监测管理规范化

海域动态监视监测是提升海域管理信息化、规范化和科学化水平的重要手段。海南省依据国家相关政策，规范海域区域规划、重点项目、疑点疑区、正在申请项目、待批项目等动态监视监测报告，实现海南省监视监测管理规范化。海南省海域使用动态监视监测管理系统通过开发基本信息录入、绘制宗海单元、地图整饰、设置地图、打印出图等功能，进行全过程的智能辅助制图，实现制图出图操作简便化、打印制图智能化、出图标准规范化等，提高了海南省海域动态监控管理应用支撑水平，对于改进海域管理方式，深化管理内涵，促进科学决策，增强海洋行政主管部门对海洋的开发、控制和综合管理能力具有重要意义。监视监测管理、智能制图流程和现场监测分别如图 6-15～图 6-17 所示。

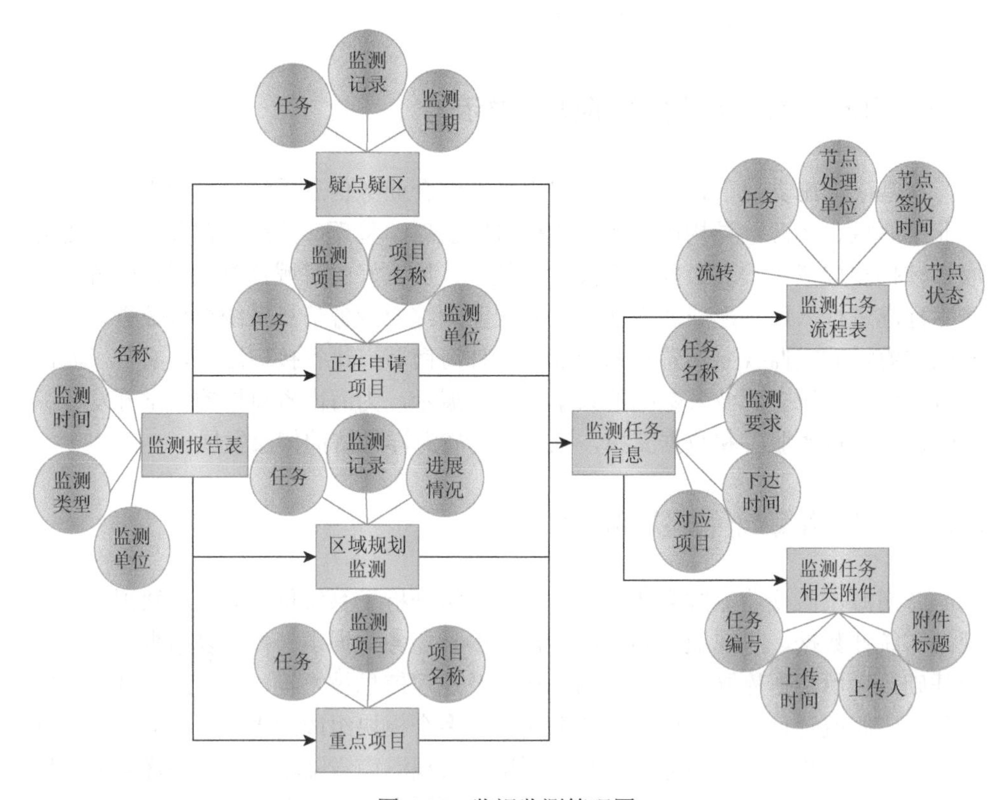

图 6-15　监视监测管理图

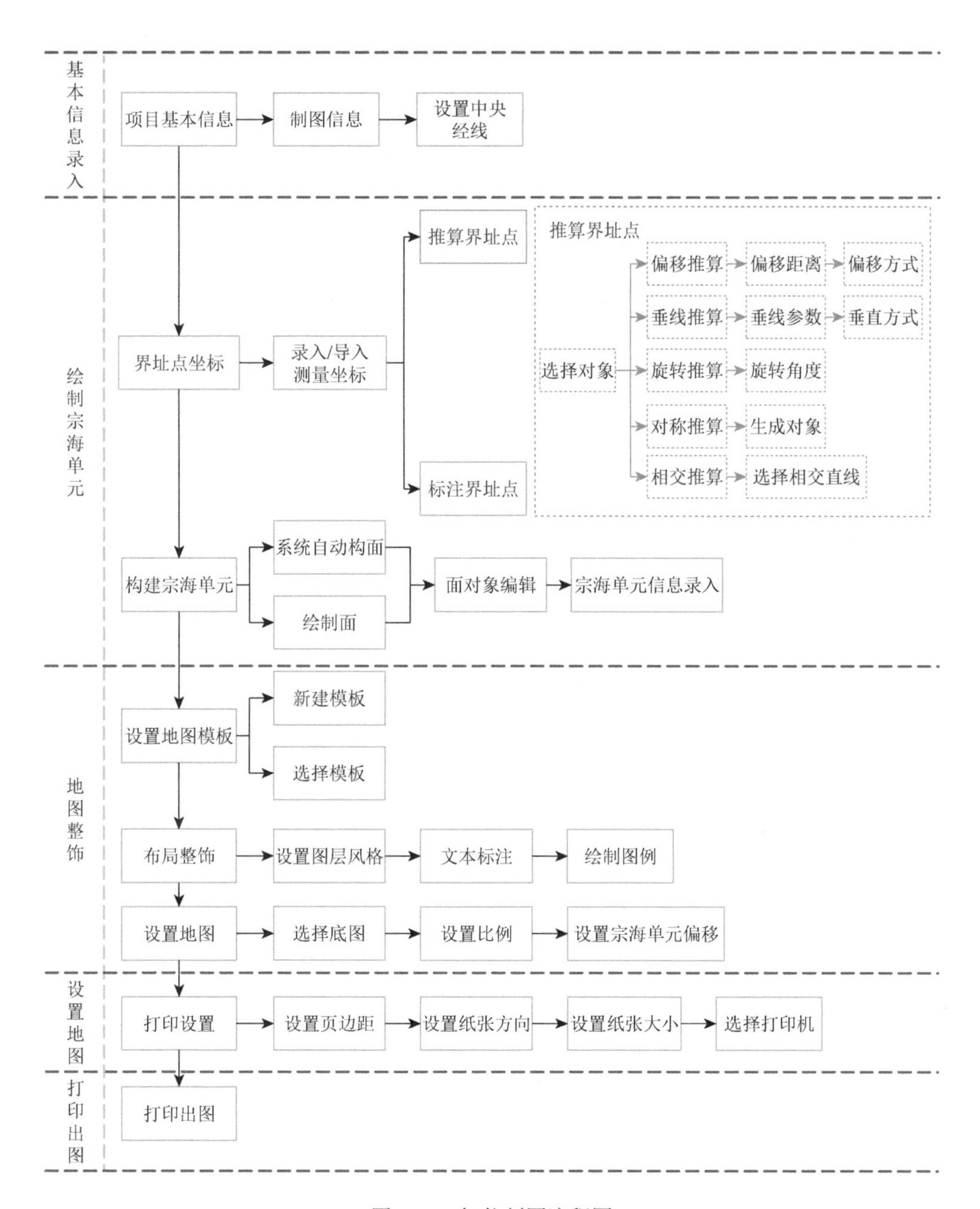

图6-16　智能制图流程图

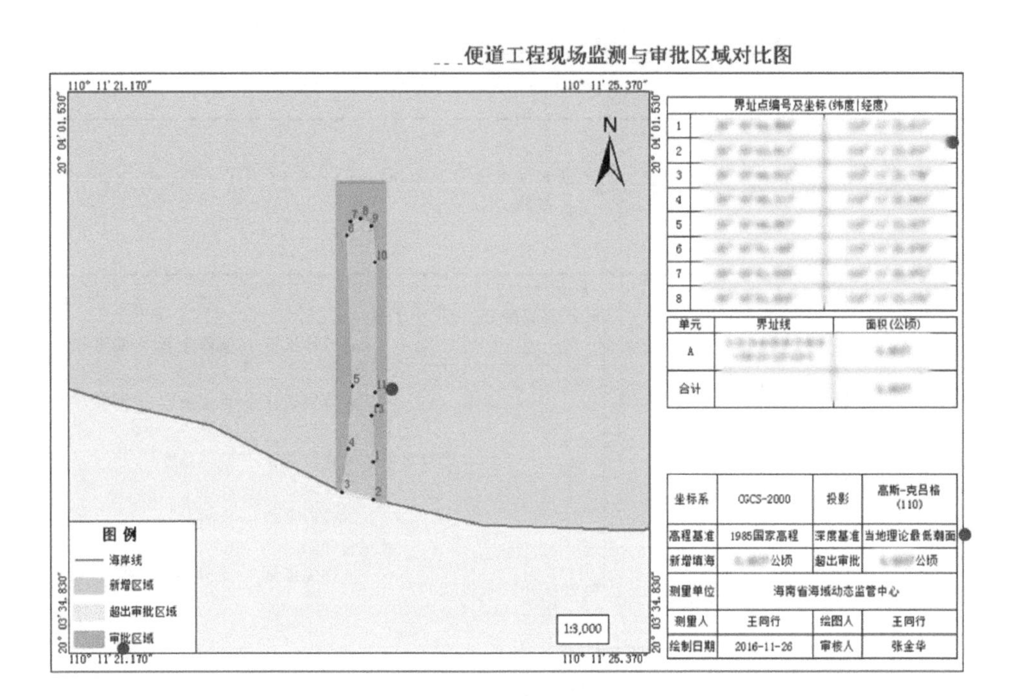
便道工程现场监测与审批区域对比图
110° 11′ 21.170″
110° 11′ 25.370″
20° 04′ 01.530″
20° 03′ 34.830″
N
界址点编号及坐标(纬度|经度)
单元
界址线
面积(公顷)
A
合计
坐标系
CGCS-2000
投影
高斯-克吕格
(110)
高程基准
1985国家高程
深度基准
当地理论最低潮面
新增填海
公顷
超出审批
测量单位
海南省海域动态监管中心
测量人
王同行
绘图人
王同行
绘制日期
2016-11-26
审核人
张金华
图例
海岸线
新增区域
超出审批区域
审批区域
1:3,000

图 6-17　现场监测图

第7章　系统发展建议与展望

为全面掌握我国海域开发利用状况，依据《中华人民共和国海域使用管理法》相关规定，按照2012年国务院批准的《全国海洋功能区划（2011～2020年）》中“要建立全覆盖、立体化、高精度的海洋综合管控体系”的要求，系统已建立了国家、省、市、县四级海域动态监管业务体系，布设了覆盖国家、省、市、县四级海洋部门的专线传输网络，利用卫星遥感、航空遥感、远程监控、现场监测等多种手段，对我国海岸及近海海域开展立体实时监测，并积累海量的遥感影像和海域管理数据，实现了各级海洋部门“一个网”、各类海域管理“一张图”，为海域管理和执法工作提供有力有效的技术支撑。

目前，海域动态监视监测管理取得了长足的进展，已经形成了一套系统的海域信息化管理流程，对我国的海域监视监测乃至海域管理形成了可靠保障，但现有系统仍存在诸多不足，主要体现在标准制度体系、机构队伍建设、职责定位、监测业务、系统数据、应用功能、联动监管机制和系统安全等方面。

本章将基于国家海域动态监视监测管理系统业务软件平台现状，结合我国海洋信息化历程与时下热点技术所引发的思考，阐述业务软件平台在海洋行业管理应用工作中的升级优化方向，展望我国海域动态监视监测管理相关技术的发展方向。

7.1　系统发展建议

经过数年的建设发展，我国的海域动态监视监测工作已有了不小的突破，具备了一定的基础与能力，初步形成了功能完善、运行稳定的国家海域动态监视监测管理系统业务软件平台，在海洋监管、海洋保护、海洋经济建设等方面发挥着越加重要的作用。海域监测数据的信息管理也取得了一定成果，已经初步形成一套较为完整并行之有效的海域监管信息化作业流程。

目前，我国在海域动态监视监测领域的发展仍存在一些不足，有待进一步加强与完善。针对现行的国家海域动态监视监测管理系统在建设与运行阶段存在的问题，提出以下相对应的优化建议措施。

7.1.1 业务结构体系建设

7.1.1.1 存在的问题

海域动态监视监测业务体系结构初步建立，但由于县级海域动态监测机构体系在全国范围内尚未形成业务化机制，部分地区的监测业务难以深入到海域管理第一线，上下协同、决策会商、应急处置等延伸到基层海洋部门存在一定困难，县级海洋部门的有效技术支撑体系尚不成熟，难以形成整体的监管合力。此外，部分节点由于人才引进困难，存在一人身兼多职现象，技术队伍力量较为薄弱，缺乏计算机、测绘、遥感和地理信息系统等专业技术人才。

海域动态监视监测业务体系的各级机构职责定位尚不精确，部分省、市对海域动态监视监测工作在海域管理中的地位和作用认识还不到位，对监管中心的职责定位也不清晰。部分市级节点由于海域使用审批业务较少，监测主体业务不明确，对监管机构重视程度不足，缺乏开展监测工作的积极性。值得一提的是，部分省市在沿海成立具有用海审批权限的开发区，但新成立的开发区海域动态监测机构缺失，在该区域的数据管理权限有待调整和明确，业务管理也存在一定的问题。

海域监视监测资料共享机制不完善，降低了监视监测数据和信息的利用效率，使得国家花费大量人力、物力和财力开展的监视监测工作所获取的宝贵数据信息不能充分发挥其应有作用，无法满足海洋管理和决策需求，影响海域监管工作的顺利进行。

7.1.1.2 发展趋势及建议

国家海洋行政主管部门需要统一组织规划，加快制定海域动态监视监测业务体系发展规划，建立健全海洋信息管理与服务体系，制定中长期发展目标，加快建立成熟的县级海域动态监测业务机构体系，使得国家与各个地方省、市、县四级协调一致、互为衔接，保障全国海域监视监测工作顺利开展与实施。针对县级节点人员少、信息化技术水平不高、业务单一等特点，国家海洋行政主管部门应科学地建立统一高效的海域动态监视监测业务成果共享机制及其相应的执行措施，通过监视监测成果服务系统，提升县级业务人员快速开展海域动态监视监测工作的能力，减少监管真空地带，加强各级监管业务联动，从而提高海域空间资源监管效率。

进一步明确业务结构体系的建设目标，确定国家、省、市、县各级管理机构的职责，加强系统业务培训与工作交流，实行定量化目标管理，不断提升技术与管理队伍能力。建设过程要积极吸取发达国家运行综合性立体海洋监测网络的经验，由国家相关部门负责主导，依据系统规划、统一标准、资源共享的原则，使得各个监管部门之间实现数据共享，资料互通。在此基础上完善我国海域监测预报机制，使得监视监测成果在环境保护、海洋执法、防灾减灾等方面更好地发挥作用，构建一个符合中国国情与发展需求、布局合理、设备先进、功能齐全的海域动态监管网。

7.1.2　标准制度体系建设

7.1.2.1　建设现状

我国在海域动态监视监测管理方面的标准体系建设，日趋完善。在规章制度方面，目前制定了《系统建设与管理意见》《系统数据管理办法》《系统传输网络管理办法》等管理制度，以及“海域使用疑点疑区监测核查工作规范”“建设项目海域使用动态监视监测工作规范”“海域卫星遥感动态监测技术规程”“数据分类与编码标准”“数据接口标准”等标准规范[①]。随着海域动态监视监测业务体系的不断壮大和业务内容的持续深入，还要继续补充完善相关技术规范。

7.1.2.2　未来发展建议

要实现监测管理工作的科学化、规范化，以及实现海域动态监视监测与其他领域的紧密结合，国家海洋行政主管部门需加强对监视监测工作的全面领导与管理，依法统筹管理全国范围内海域动态监管工作，应建立健全一套适用于我国国情的海域动态监视监测工作规章制度，使得我国海域监视监测工作能够真正走上法制化道路，建议建立的制度标准具体包括：制定监视监测作业规定、监视监测管理规定，以及监视监测机构资质认证、监视监测成果质量控制与质量管理制度，还有监测数据采集、传输、存储、更新与应用制度等一系列法律法规和相关组织监管机构制度。

为了使海域监视监测成果在海洋监管过程中最大限度地发挥作用，在海域动态监管的相关法律法规建设过程中，需要明确规定海域动态监管工作的执行原则、作业程序、基本内容与技术要求等相关制度，做到监测成果及时汇交、涉密管理

---

① 此部分引号中为已立项，未发布。

有章可循、有法可依。需要将海域动态监管成果作为国家发展的重要战略资源进行统一管理，达到逐步制定统一的国家海洋资料管理政策与措施的目的。

对于现行的标准制度体系中出现的问题，应不断加以修正和完善，并应系统化、全局化地制定一系列具有地方特色、行业特色的法律法规，因地制宜、量体裁衣地约束参与海洋监视监测活动的机构与个人，规范管理海洋监测工作，提高监视监测质量，保障国家海域动态监视监测管理工作的整体性、有效性和发展性。

7.1.3 系统功能拓展与提升

7.1.3.1 系统功能不足

随着系统在海域管理中应用的深化，海域动态基本业务系统软件不断拓展，监视监测范围、内容和监测频度不断增加，海域使用精细化管理也对系统提出了更高的要求，系统现有装备和技术手段不能完全满足海域综合管理的发展需要。我国海域动态监测已经从单一目的性监测扩展到多种监测并存的复合型监测，由岸基监测站、监测船、无人机、遥感卫星等组成的立体监测系统已具雏形。然而，我国的海域监测数据仍难以准确反映海洋时空连续变化的系统性特征，难以与诸如美国等海洋强国或地区相比较，其监测成果在数据的连续实时性、数据的分辨率、监测手段多样性、深远海域及海底的监测探测能力方面仍有待加强。因此，保证海洋数据获取的长期、连续、实时、准确，以及海域监测常态化是我国海洋事业亟须发展的方向。

现有的海域动态监视监测管理系统总体架构模式相对滞后，在系统应用内容方面比较局限，未包含所有海域行政管理和海域动态监视监测业务。在监测业务上，目前的监测手段上以遥感监测为主，现场监测数据较为缺乏。监测范围上以近岸海域监测为主，中远海域监测能力不足。监测内容上以围填海为主，养殖用海等其他用海类型尚未开展有效监测工作。在系统应用功能方面，现有系统的各个业务模块较为独立、关联性不强，特别是与地方系统数据间的共享共用尚未形成制度保障，成果产品展示方式较为单一，未形成多模式、立体化效果，大数据等相关前沿技术应用深度还有待提高，与地方和相关行业的业务系统有待进一步深度互通整合。

随着“云计算”、“智慧海洋”等新技术的不断发展，海域监管和研究领域需要具备统一的信息管理与发布平台，能够集成、联动、及时地响应各方需求。目前，在海域监视监测工作的信息资源建设上，各个行业与机构缺乏统筹规划，信息资源标准不统一，规范化程度参差不齐，异构数据与平台林立，各个平台间无法构建完整的信息流，信息交互难，若面对海洋突发事件，缺乏统一的应急响应机制，就会严重损害涉海部门的公信力与执行度。全面整合海域监测成果，健全信息更新体制，构建统一发布平台，对于提高海域管理科学化水平和社会化服务水平具有重要意义。

7.1.3.2　未来拓展方向及建议

系统应在全面规范建设项目海域使用动态监测、区域用海规划监测、疑点疑区监测的基础上，进行监测业务的拓展工作。深入开展海湾、海岸线等海域空间资源监测和海域海岸带整治修复项目监测，创新应用高分辨率卫星遥感、无人机遥感、无人船（艇）、激光雷达、一体化激光三维测量和水下潜标等监测手段，全面开展对中远海域的监测。

在现有系统基础之上进行应用功能的升级改造工作，急需构建以项目用海管理为核心的应用系统平台，实现用海审批、监测、执法数据一体化管理。国家业务软件平台海域使用权管理、海域使用金管理、海域动态监视监测业务管理功能，随着管理需求的变化，还需不断完善，力争实现对海域使用申请审批、海域使用金征缴等工作全过程实现数字化、流程化、无纸化管理。此外，应建立统一的海域管理信息发布平台，方便用海单位和相关个人查询项目用海确权信息及业务办理进展情况，为社会公众提供及时的海域管理信息服务。

海域动态监视监测工作应充分利用现代信息技术和网络体系，高效整合我国海域监测信息资源，全面优化信息资源结构，切实提升信息资源利用效率与水平。进一步加强业务化监视监测立体网络建设，构建集全覆盖、高精度的数据信息采集、传输、处理与应用一体化的海洋监控系统，实现海域监视监测管理系统数据更新的常态化。通过强有力的制度、措施与技术，保证监测数据的全面整合，实时掌握管辖海域的空间资源状况和使用现状，全力打造时序面广、类型丰富、内容权威、质量规范的海域信息管理与发布的权威平台。

7.1.4　数据资源整合与规划

7.1.4.1　数据资源管理现状

系统资源整合是指能够把各种不同应用的内容聚合到一个统一的页面呈现给用户，并实现同应用系统实时交换信息；能够从各种数据源（如数据库、多种格式的文件档案、Web 页面、电子邮件等）集成用户所需的动态内容。而资源整合与管理是指所有资源以空间地图展示为核心进行组织管理，整合各类监视监测成果数据资源，并且提供资源目录服务与管理功能。系统支持对文档、矢量数据、栅格数据和专题地图的管理，具备完整的资源审核流程。

国家海域动态监视监测系统业务软件平台在数据处理上仍以对监视监测数据的采集、存储、管理为主，处于数据资源整合规划的起步阶段。目前系统数据资源具有以下特点：海域资源环境本底数据匮乏、海域使用权属数据不够精确、海洋基础地理数据和公共用海数据不全，用海权属尚未能全部纳入系统数据库，海洋基础地理、大陆海岸线变迁尚未实现常态化监测与更新，各类海洋调查获取的海域资源环境数据尚未得到有效利用等，制约了海域综合精细化管理水平。

此外，现有监视监测数据的使用集中于浏览和查询行为，信息系统建设仍然以业务流转和信息管理为主，缺少对于数据深层次的挖掘与提炼，提供的决策支持信息有限。大部分数据虽然能够以直观的、可视化的形式，提供海洋监测数据、监测目标现状、历史变革等信息，但仍然是以提示性、阅读性的文字和形式较为单一的图表等方式表现，而在分析评价、决策服务等实质性的较为深入的功能实现上，基于系统数据的分析评价产品相对较少，多数情况下依旧以信息获取者和决策制定者的经验和认知为主，使得系统功能与真正能为管理决策提供有力支持尚存一定的距离，功能建设亟待加强。

7.1.4.2 未来发展建议

在数据体系建设方面，应注重对海域使用权属数据进行补充更新，对公共用海数据进行收集整理，针对海洋资源环境数据、电子海图、海域海岛地名普查数据、涉海规划数据等相关资料，构建数据标准统一、内容全面、更新及时、共享服务完善的基础数据体系。系统应开展数据资源规划和数据结构优化工作，实现海域基础数据与专题数据的一体化整合和统一管理，进一步夯实数据基础，增强监视监测数据的可用性与实用性。

在辅助决策支持建设方面，应充分利用海域管理各类数据，全面开展海域使用现状、海域空间资源状况、海洋功能区划实施情况等分析评价工作，重点进行海域空间资源配置和承载力分析、海域资源发展潜力评估、海域资源经济社会效益分析、海域使用综合分析评价、海岸线变迁分析、重点海湾综合利用现状分析、围填海项目后评估分析、海洋产业用海需求分析等方向的研究，为合理配置海域资源、优化涉海产业布局提供决策支持。同时，系统应考虑建设相应模块，为海域管理部门开展项目用海申请的技术审查，尤其在海域使用论证报告评审会召开前，重点提供论证报告宗海图件和功能区划符合性分析的校验工作。在填海项目竣工验收时复核项目竣工验收测量报告，及时为海域综合管理提供技术支撑。

7.1.5　信息安全体系与运行保障

7.1.5.1　信息安全体系与运行管理现状

随着国家战略信息化建设，计算机信息系统的安全建设关系到国计民生。随着网络应用的普及与深入，部门内外、行业之间、国内国外的数据交互频繁，利益驱动下的网络犯罪活动猖獗。系统面临着各种各样的安全问题：专网与因特网终端混用、黑客或木马程序入侵、系统信号非法拦截、网络病毒传播、用户账号被窃取、资源损毁泄露等重重危机，因此信息安全体系建设尤为重要，构建快速有效的响应机制，强化安全保密机制，确保系统信息的秘密性、完整性与可用性。

受经费限制，国家海域动态监视监测管理系统建设初级阶段，在安全等级保护建设方面投入较少。随着用户数量、入网设备及业务范围的增多，各类信息类别和数量都急剧增加，信息安全成为不能忽视的关键问题，对国家海域动态监视监测管理系统的信息安全建设提出了更高的要求。近年来国家提升了对海洋安全监管的重视程度，国家海域动态监视监测管理系统已被纳入全国重要信息系统名录，根据网络信息安全等级保护建设要求，要在等级保护三级的基础上，逐步开展安全建设工作，下一步国家海域动态监视监测管理系统在安全等级保护建设上仍存在较大的压力。要构建多种有效的防护与隔离措施，提高安全防范意识，促使我国的海域动态监视监测数据信息管理走向互通有无、共建共享、安全稳定的发展道路。

7.1.5.2　未来发展建议

在联动监管机制方面，应在海区、省市执法机构已全部接入海域动态专网的基础上，建立海域管理部门、动态监管中心和海洋执法机构间的联动监管机制，实现海域动态监测、权属数据、远程视频监控、违法用海案件查处等信息共享。各级监管中心应综合运用遥感监测、现场巡查、视频监控等手段，有效开展海域使用疑点疑区监测，做到随时发现、随时监测、随时报送至海域管理部门和执法部门。执法机构应将项目用海执法检查的照片、视频和违法用海项目的立案查处、行政处罚等结果信息录入系统，实现监测信息和执法信息的共享，提高海域综合管理效率。此外要充分调动各方力量，畅通信息渠道，完善数据管理的流程制定、运行维护和应用服务体系。

依据公安部网络安全等级保护建设要求，按照安全等级保护三级、省市节点安全等级保护不低于二级的要求，开展核心路由器设备、双因子认证、入侵防御和安全接入网关，为各节点提供网络安全边界防护；加强网络安全管理，安装终端准入软件，严禁未登记的设备接入专网，严禁其他网络与海域专网私自互联。各地应根据设备的使用周期逐步开展网络、服务器、视频会议、视频监控和外业监测等硬件设备的升级改造，确保系统安全、稳定运行。

在系统运行保障方面，要提高海洋信息服务的集中度，推进海域监视监测信息应用服务的社会认知度，不断完善海域动态监视监测信息服务机制，满足多行业多部门多元化的信息服务需求，实现海域监测信息服务由“数据和技术的供给驱动”到“海洋管理和应用的需求驱动”的转变，为国家海域动态监视监测管理的政策制定、技术标准、人才队伍建设等多个方面提供保障。海域监测数据的信息安全管理应面向海域监管实际工作，密切跟踪海域动态监测热点难点，力争采用最为先进的海洋信息装备与信息技术手段为国家海域动态监视监测管理工作与系统良好运行，提供有效的技术支撑。通过海域立体监测数据采集与传输，对我国海域监管形成连续跟踪监测与综合评价，提升海洋信息技术水平，为智慧海洋建设提供更多的技术储备与经验积累。

7.2 展　　望

自有历史记载以来，海洋就在人类社会演变的进程中发挥至关重要的作用。党的十八大报告提出“建设海洋强国”的战略目标，不仅顺应21世纪海洋大开发的发展潮流，也是中国政治、经济、外交和社会进一步发展的必经之路。进入21世纪，随着以物联网、云计算、大数据等为代表的新一代信息技术的快速发展，对于海洋强国的认识在原有基础上加入利用信息技术“认知海洋、管理海洋、开发海洋”这一全新维度，“信息主导”成为经略海洋的前提与基础，信息化能力将直接决定海洋事业发展的能效。“十二五”规划以来，随着国家不断加大对海洋事业的投入，海洋的信息化建设也进入高速发展的黄金时期。国家和沿海省（自治区、直辖市）先后出台一系列海洋信息化建设的发展规划，分别从数值预报、渔业应用、环境监测等多个方面为海洋信息化建设提供政策保障。在海洋信息化技术手段方面，我国已成功发射3颗HY系列卫星，岸基观测台站、高频地波雷达、水下机器人、锚系/漂流浮标、短波通信、北斗通信、水下光纤通信等一批关键技术和设备取得技术突破，无人机、无人艇等新型装备逐步投入应用。未来“‘一带一路’空间信息走廊”和“国家海底长期科学观测系统”将会分别从太空和海底2个空间维度增强我国海洋信息获取能力（程骏超和何中文，2017）。

“数字海洋”，其核心是将大量复杂多变的海洋信息转变为可以度量的数字、数据，再以这些数字、数据建立起适当的数字化模型，成为可计算、可存储的对象。我国于 2003 年正式启动“数字海洋”信息基础框架构建项目，成为海洋信息化领域首个全国范围内的专项工程。2011 年“数字海洋”信息基础框架建设圆满结束，取得一系列丰硕成果。青岛海洋科学与技术试点国家实验室的吴立新院士及其团队于 2014 年提出“透明海洋”的工程构想。“透明海洋”针对我国南海、西太平洋和东印度洋，实时或准实时获取和评估不同空间尺度海洋环境信息，研究多尺度变化及气候资源效应机理，进一步预测未来特定一段时间内海洋环境、气候及资源的时空变化，实现海洋状态透明、过程透明、变化透明，使其成为“透明海洋”（程骏超和何中文，2017）。

随着互联网、云计算等技术的高度发展，移动智能设备的快速普及，爆炸式增长的大数据时代已经来临，据互联网数据中心（Internet Data Center，IDC）的研究估计（Hao et al.，2011）：到 2020 年，全球数据使用量将达到 35.2 泽，大概需要 376 亿个以太硬盘来存储数据。2012 年 3 月美国奥巴马政府公布了《大数据研究和发展计划》，提高政府从海量复杂数据中获取知识的能力。继美国之后欧盟、日本和韩国等地区和国家也纷纷提出大数据相关举措，法国政府发布了《数字化路线图》，日本也公布了以发展开放公共数据和大数据为日本新 IT（信息技术）国家战略的核心。我国于 2012 年印发了《“十二五”国家政务信息化工程建设规划》，开始关注大数据的研究，并构建我国大数据产业链和大数据研究平台，2014 年上海市率先实行政府部门数据对外开放（宋德瑞等，2017）。

本节将基于近年来热门的“数字海洋”“智慧海洋”“大数据”“云计算”等概念，探讨系统管理与数据管理在相关领域的应用与发展前景，以期对日益增长的海域动态监视监测管理工作提供参考。

7.2.1　从管理系统走向云服务系统

网络化、信息化、数字化技术的迅猛发展推动海洋监管建设领域的监控成果种类、监控管理内容、监管应用形式、数据信息存储等均发生了巨大的变化。对海域的监控管理工作已经从传统的海洋地理空间数据获取、数据生产加工转变为侧重应用效果、用户体验的集海洋信息采集、处理和服务于一体的跨行业、跨部门的综合监视监测与决策管理系统。监测数据数量迅猛增长，种类呈现多样化发展势头；应用方式摆脱了单一固化模式的限制，呈现多行业、多部门、多平台、多渠道趋势；监管内容呈现集成化趋势，由传统的海岛、岸滩等单一信息监管发展为集渔业、环境、执法、勘探等综合信息一体化管理；由传统的纸质图册静态监管演变为以数字海图、海洋测绘数据、GIS 等先进技术为核心的数字化、信息化动态管控；保障手段呈现自动化、综合化趋势，由传统的天文、人工定位保障逐步过渡为使用卫星、无人机、无线电、惯导系统、声学等多种先进手段的综合、自动定位系统。

随着云计算技术的发展，国家海域动态监视监测管理系统的建设需要以大数据、云计算技术为基础，进一步融合网络技术、信息技术、数字技术，构建存储高效、计算能力强大，具备系统集成共享安全性、高效性以及数据提供权威性的海域监管信息时空云平台，实时、高效地提供具备权威性、高现势性的海洋地理空间信息服务与保障。海域监视监测工作管理水平的提升，将为认识海洋、开发海洋、管理海洋开辟更广阔的途径，提供更有效的手段，对海洋经济建设发展具有重大意义。海域动态监视监测数据管理能够采用云计算的模式，形成集信息采集、整合、共享、协同、挖掘与利用于一体的时空信息云平台管理体系，全面提高涉海信息发布、管理以及利用的效率，为海洋权益维护、海洋战略实施和海洋资源开发利用提供可靠数据支持和技术保障。

7.2.2 从数据管理走向云知识管理

2017 年 5 月，国家发展和改革委员会、国家海洋局联合印发《全国海洋经济发展“十三五”规划》。《全国海洋经济发展“十三五”规划》确立了“十三五”时期海洋经济发展的基本思路、目标和主要任务，重点提出了改革创新、增质提效果，依托“智慧海洋”工程等培育海洋经济增长新动力，提升海洋经济发展质量和效益。

科学规划管理海洋资源使用，实时精准监测海洋环境，提供精细化海洋预警报服务，提升海洋突发事件的处理能力，提高防灾减灾的管理水平，由原来各单一系统管理模式向综合系统考虑多要素、多角度的综合管理模式转变；同时将海洋环境监测、海洋环境预警报、海域海岛动态监视监测、海洋应急监测、海洋防灾减灾、海洋经济监测与评估、实验室信息管理系统、办公自动化等目前建设的各类信息系统合理资源配置，实现各单一系统之间的数据交互及共享，并逐步探索建立与涉海单位进行信息共享的机制。

实现海洋综合管理，合理分配资源，实现资源配置最优化，利用信息化工具，提供更为科学、准确的实时数据支持，为我国海洋经济贡献力量。该项目的实施将打通现有所有子系统，实现海洋各领域各部门之间的数据交互与共享，为管理部门事项决策提供更加全面的数据支撑。

值得注意的是，随着云计算技术的引入，云平台、虚拟技术的使用和资源数据的集中化，也为信息安全带来了前所未有的挑战。在云计算、大数据环境下，应具备有效逻辑隔离政府、金融、行业信息系统的机制措施；保证对外提供信息服务的公开业务、对内提供专用网络互联的业务单位信息系统互联和行业信息系统间互联的数据交换实现有效逻辑分区；为各行业和不同安全保护需求的行业信息系统提供分等级的、满足网络安全等级保护要求的安全服务；实现云平台的全业务自动化管理，都是今后海域动态监视监测业务软件平台设计需要解决的难题。

随着海洋管控上升到国家战略的高度，基于海洋大数据的云知识化必将成为国家信息发展的重要基础。海域监管需进入“智慧”阶段，立足本土，走向深蓝，以数据资产化管理模式为主导运用大数据思维建立海洋大数据服务平台，以松耦合模式迅速扩充海洋基础信息库，大力发展海洋数据挖掘和可视化技术，创新开发数据产品和服务，逐步利用行业外、社会公众力量，形成“百花齐放，百家齐放”态势，挖掘出海洋数据的最大价值，提升海洋信息化整体能力水平和实力，进而全面提升海洋综合管控能力。

参 考 文 献

常卫兵. 2010. 中国“海洋国土”探析. 理论月刊，(4)：72-74.
陈艳. 2006. 海域使用管理的理论与实践研究——一种经济学的视角. 青岛：中国海洋大学博士学位论文.
程骏超，何中文. 2017. 我国海洋信息化发展现状分析及展望. 海洋开发与管理，34（2)：46-51.
戴娟娟，吴日升. 2014. 国际海洋综合管理模式及其对我国的启示. 海洋开发与管理，(11)：4-9.
董栓柱，董晓钟. 2015. 钓鱼岛争端呈现军事化趋势 http://www.mod.gov.cn/intl/2015-01/13/content_4564236_5.htm[2015-1-13].
海域管理培训教材编委会. 2014. 海域管理培训教材之二：海域管理概论. 北京：海洋出版社.
姜明松. 2015. 英国涉海管理体制演化研究. 大连：大连海事大学硕士学位论文.
姜雅. 2010. 日本的海洋管理体制及其发展趋势. 国土资源情报，(2)：7-10.
李方，付元宾. 2015. 加强我国海洋监视监测体系建设的对策建议. 环境保护，43（23)：49-51.
李双建，于保华，魏婷. 2012. 美国海洋管理战略及对我国的借鉴. 国土资源情报，(8)：20-25.
李晓明. 2015. 美国的海洋强国建设研究. 青岛：中国海洋大学硕士学位论文.
刘川. 2012-11-19. 国家海域动态监管系统考评结果出炉. 中国海洋报，第 A3 版.
刘吉栋. 2017-3-3. 中国海监南海航空支队 2017 年度工作会议提出——实现南海航空执法全覆盖. 中国海洋报，第 A2 版.
刘淑芬，徐伟，侯智洋，等. 2014. 海洋功能区划管控体系研究. 海洋环境科学，3（33)：454-458.
刘新华. 2011. 西太平洋地区的海洋安全形势与中国的地区性海权. 太平洋学报，19（2)：83-92.
吕彩霞. 2003. 论我国海域使用管理及其法律制度. 青岛：中国海洋大学硕士学位论文.
马骏. 2008. 物权法体系下海域物权制度研究. 青岛：中国海洋大学硕士学位论文.
梅宏. 2009. 海域有偿使用制度的法理分析. 中国海洋法学评论，1（9)：61-69.
钱丽丽. 2010. 电子政务公众服务需求及其对系统成功的影响路径研究. 上海：复旦大学博士学位论文.
宋德瑞. 2012. 我国海域使用需求与发展分析研究. 大连：大连海事大学硕士学位论文.
宋德瑞，曹可，张建丽，等. 2017. 大数据视域下的海洋信息化建设构想. 海洋开发与管理，34(9)：50-53.
宋德瑞，郝煜，王雪，等. 2012. 我国海域使用发展趋势与空间潜力评价研究. 海洋开发与管理，29（5)：14-17.
隋明梅. 2007. 国家海洋局局长详解海域使用管理法的意义和作用. http://www.china.com.cn/law/txt/2007-01/25/content_7710317.htm[2018-10-17].
王厚军，赵建华，丁宁，等. 2016. 国家海域动态监视监测管理系统运行现状及发展趋势探讨. 海洋开发与管理，33（10)：17-20.
王杰，陈卓. 2014. 我国海上执法力量资源整合研究. 中国软科学，(6)：25-33.

王琪，王刚，王印红，等. 2013. 变革中的海洋管理. 北京：社会科学文献出版社.
夏立平，苏平. 2011. 美国海洋管理制度研究——兼析奥巴马政府的海洋政策. 美国研究，（4）：77-93.
谢子远，闫国庆. 2011. 澳大利亚发展海洋经济的经验及我国的战略选择. 中国软科学，（9）：18-29.
徐文斌. 2009. 海域使用动态监视监测系统建设关键技术研究. 青岛：中国海洋大学硕士学位论文.
杨璇. 2011-05-17. 国家海洋局要求：加强国家海域动态监视监测管理系统的运行和应用. 中国海洋报，第 A3 版.
叶芳. 2015. 浙江海洋公共服务供给体系构建研究. 南昌：南昌大学硕士学位论文.
叶向东. 2006. 海洋资源可持续利用与对策. 太平洋学报，（10）：75-83.
于保华，胥宁. 2003. 国外海洋资源开发利用现状及发展趋势. 海洋信息，（2）：20-21.
源泉. 2015-11-6. 各国海上执法力量指挥自动化信息系统. 中国海洋报，第 A4 版.
翟伟康，张建辉. 2013. 全国海域使用现状分析及管理对策. 资源科学，35（2）：7-11.
张偲，王淼. 2015. 我国海域有偿使用制度的实施与完善. 经济纵横，（1）：33-37.
张惠荣，高中义. 2010. 论海域使用权属管理制度. 政法论坛，1（28）：154-161.
张楠. 2015. 我国海洋巡航执法制度的研究. 海口：海南大学硕士学位论文.
张润秋，郭佩芳，朱庆林. 2013. 海洋管理概论. 北京：海洋出版社.
张志华，曹可，马红伟. 2011-07-05. 强化海域监管 打造“蓝色天网”. 中国海洋报，第 A3 版.
张志华，曹可，马红伟，等. 2012. 中国海洋综合管控的“蓝色天网”——国家海域动态监视监测管理系统. 海洋世界，（12）：15-36.
赵蓓，唐伟，周艳荣. 2008. 英国海洋资源开发利用综述. 海洋开发与管理，25（11）：8-11.
赵建东. 2017-3-21. 加大执法力度 严查违法用海“海盾 2017”专项执法行动即将展开. 中国海洋报，第 A1 版.
赵晋. 2009. 论海洋执法. 北京：中国政法大学博士学位论文.
郑克芳，尹杰，田天，等. 2014. 美日韩海上执法力量对我国海警局的启示. 海洋信息，（2）：52-55.
郑苗壮，刘岩，李明杰，等. 2013. 我国海洋资源开发利用现状及趋势. 海洋开发与管理，30（12）：13-16.
中国海洋报评论员. 2011-07-05. 让海域动态监视监测系统发挥更大作用. 中国海洋报，第 A2 版.
Ballinger R C. 1999. The evolving organisational framework for Integrated Coastal Management in England and Wales. Marine Policy，23（4-5）：501-523.
Cicin-Sain B，Knecht R W. 1998. Integrated Coastal and Ocean Management：Concepts and Practices. Washington：Island Press.
Hao Y L，Song M L，Han J，et al. 2011. A cloud computing model based on hadoop with an optimization of its task scheduling algorthms. The 13th International Conference on Enterprise Information Systems，524-528.
U. S. Commission on Ocean Policy. 2004. An Ocean Blueprint for the 21st Century. Stockton：University Press of the Pacific.